EL SISTEMA VETIVER PARA MEJORAR LA CALIDAD DEL AGUA

PREVENCIÓN Y TRATAMIENTO DE AGUAS Y SUELOS CONTAMINADOS

Segunda Edición (2015)

Por

Paul Truong y Luu Thai Danh

Segunda Edición 2015
Primera Edición 2008
Publicado por la Red Internacional de Vetiver
(Vetiver Network International)

Traducido al español por

Pablo Ruiz Lavalle e Iliana Toussieh

Red Colaborativa de Permacultura La Margarita

PREFACIO

El Sistema Vetiver (SV) se basa en el uso de una planta tropical única, el pasto Vetiver *Chrysopogon zizanioides*. Esta planta puede cultivarse en una gran variedad de condiciones de clima y suelos, y si se siembra correctamente puede usarse virtualmente en cualquier lugar con clima tropical, subtropical y mediterráneo. Tiene un conjunto de características que son únicas en una sola especie. Cuando el Vetiver se cultiva (como generalmente se hace) en forma de un seto angosto auto-sostenido, presenta características especiales que son esenciales para las diversas aplicaciones que constituyen el Sistema Vetiver. El pasto Vetiver puede aplicarse para proteger las riberas de los ríos y las cuencas hidrológicas de daños ambientales, particularmente en puntos focales que causan problemas ecológicos relacionados con: (1) flujo de sedimentos, y (2) exceso de nutrientes y lixiviados de metales pesados y pesticidas de fuentes tóxicas. Ambos están íntimamente relacionados.

Este manual, publicado originalmente en el 2008, ha sido completamente revisado para incluir avances significativos en el conocimiento, tanto en la investigación como en la experiencia de campo, que se han dado en los últimos siete años en muchos lugares tropicales y subtropicales. A lo largo de este tiempo, diversas aplicaciones del Sistema Vetiver han tenido mucho éxito para descontaminar o contener aguas y suelos contaminados, y como resultado hay un creciente interés en su uso, con el fin de mitigar muchos de los problemas relacionados con el agua y los suelos que frecuentemente abruman a las comunidades humanas, tanto urbanas como rurales, debido a la pobreza, presiones demográficas, falta de financiamiento gubernamental y cambio climático. Las aplicaciones descritas en este manual pueden ser implementadas a diferentes escalas por una gran variedad de usuarios, y tienen un particular potencial para proporcionar los medios a las comunidades para crear resiliencia a un bajo costo (muchas veces independientemente de fondos gubernamentales) que permitan una mejor y mas segura calidad de vida.

Un objetivo importante de este manual, es presentar el Sistema Vetiver a planificadores, ingenieros, diseñadores y otros usuarios potenciales, que todavía desconocen su efectividad para mejorar la calidad del agua, particularmente la que está asociada a descargas de efluentes y flujos de lixiviados de la industria, sitios contaminados por la minería, aguas residuales domésticas contaminadas en centros urbanos, y triste y muy frecuentemente, tierras agrícolas contaminadas con agroquímicos.

Este manual ha sido revisado por Paul Truong and Luu Thai Danh. Debemos agradecerles a ellos y a todos aquellos cuyo trabajo ha sido incluido. Recomendamos este manual a cualquier persona que busca soluciones amigables con el medio ambiente y de bajo costo, para atender cuestiones relacionadas con la calidad del agua– puede proporcionar importantes respuestas en estos tiempos en los que el mundo y las personas enfrentan muy serios problemas ambientales.

Dick Grimshaw
Fundador y Director de The Vetiver Network International (La Red Internacional del Vetiver)
Diciembre del 2015

PROLOGO

Este manual proporciona una visión amplia sobre el gran potencial de la Tecnología del Sistema Vetiver (TSV), basada principalmente en el uso del pasto Vetiver (*Chrysopogon zizanioides*) para remediar una gran variedad de aguas y tierras contaminadas.

Será de gran utilidad para gobiernos, la academia, la industria y los individuos con capacidad para tomar decisiones para aplicar la TSV para la protección del medio ambiente. Se ha demostrado, a través de una amplia investigación científica, que el pasto Vetiver posee casi todas las características ideales en una planta para la fitoremediación de aguas y suelos contaminados con metales pesados y residuos orgánicos. Tiene un sistema de raíces denso y masivo, crece rápidamente, produce una gran cantidad de biomasa y tiene una alta capacidad para acumular metales pesados en sus raíces (particularmente plomo, zinc y hierro) y nutrientes (específicamente nitrógeno y fósforo), absorbe y promueve la biodegradación de residuos orgánicos (como 2,4,6-trinitrolueno, fenol, benzol, atrazine, diurión y tetraciclina) y también posee una gran tolerancia y adaptabilidad a un amplio rango de condiciones climáticas, ambientales y de suelos. Especialmente, los exitosos estudios de campo en la aplicación del Vetiver en todo el mundo han confirmado aún mas que el pasto Vetiver es la opción correcta para fitorremdiar ciertas aguas y suelos contaminados. Las firmes evidencias a partir de la investigación científica y los estudios de campo presentados en este manual, han contribuido a promover el uso de la TSV para propósitos de protección ambiental. Esto a su vez beneficia no solo a los usuarios sino también a las comunidades locales donde se cultuva en Vetiver. Es por el hecho de que la TSV es una solución efectiva, económica, fácil de implementar y amigable con el medio ambiente, que puede generar fuentes adicionales de ingreso para sus usuarios y comunidades a través de productos manufacturados, alimento para animales y combustible para cocinar.

Paul Truong[*] y LuuThai Danh[**]
Autores

---

[*]TVNI Director Técnico, Brisbane, Australia. Email: paultruong@vetiver.org
[**]Universidad de Agricultura y Biología Aplicada, Cantho University, Vietnam. Email: ltdanh@ctu.edu.vn

INDICE

I. INTRODUCCION — 1

II. COMO FUNCIONA LA TECNOLOGIA DEL SISTEMA VETIVER (TSV) — 1

III. ATRIBUTOS ESPECIALES DEL VETIVER ADECUADOS PARA FINES DE PROTECCIÓN AMBIENTAL — 2

    3.1. Atributos Morfológicos — 2

        3.1.1. Raíces del Vetiver — 2

        3.1.2. Retoños del Vetiver — 3

    3.2. Características fisiológicas — 5

        3.2.1. Tolerancia a condiciones climáticas extremas — 5

        3.2.2. Tolerancia al fuego — 6

        3.2.3. Tolerancia a condiciones adversas de suelos — 6

        3.2.4. Tolerancia a un amplio rango de metales pesados contaminantes — 7

        3.2.5. Tolerancia a agroquímicos, contaminantes orgánicos y antibióticos — 9

            3.2.5.1. Atrazina — 9

            3.2.5.2. Antibioticos — 11

            3.2.5.3. Fenol — 11

            3.2.5.4. 2,4,6-trinitrotolueno (TNT) — 12

		3.2.5.5 Compuestos aromáticos (Benzo [A] pyrene)	13
		3.2.5.6. Petróleo crudo	13
		3.2.5.7. Dioxinas	15
	3.2.6.	Tolerancia a cenizas volátiles suspendidas	16
	3.2.7.	Tolerancia a altos niveles de nutrientes en el agua y los suelos	17
	3.2.8.	Alto régimen de remoción de nutrientes en aguas y suelos	18
		3.2.8.1. Nitrógeno y fósforo	18
		3.2.8.2. Aluminio	19
		3.2.8.3. Boro	20
		3.2.8.4. Fluor	20
	3.2.9.	Alto régimen de transpiración	20
	3.2.10.	Mejor rendimiento que otras especies de plantas	21
3.3.	Características agronómicas		21
	3.3.1.	Alta producción de biomasa	21
	3.3.2.	Mínima competencia por la humedad y nutrientes	22
	3.3.3.	Fuerte asociación simbiótica con microorganismos en la rizósfera	23
	3.3.4.	Alta resistencia a plagas	23
	3.3.5.	Control de plagas	24

	3.4.	Otras características importantes	25
		3.4.1. Vetiver es estéril y no invasivo	25
		3.4.2. Largo vida	26
IV.	**MODELOS DE COMPUTADORA APLICADOS PARA EL TRATAMIENTO DE AGUAS RESIDUALES CON PASTO VETIVER**		26
V.	**PREVENCIÓN Y TRATAMIENTO DE AGUAS CONTAMINADAS**		28
	5.1.	Tratamiento de un efluente de drenaje	29
		5.1.1. Eliminación de un efluente de drenaje doméstico	29
		5.1.2. Manejo de un efluente de drenaje comunitario	33
		5.1.3. Tratamiento de aguas residuales municipales	37
		5.1.3.1. Aplicaciones de pequeña escala	37
		5.1.3.2. Aplicaciones de gran escala	39
		5.1.3.3. Aplicaciones a escala regional	41
	5.2.	Tratamiento de Aguas Residuales Indutriales	43
		5.2.1. Tratamiento de aguas residuales de una fábrica de gelatina y un rastro de carne de res	43
		5.2.2. Aguas residuales de una granja de producción intensiva de animales	45
		5.2.3. Aguas residuales de una fábrica procesadora de mariscos	46
		5.2.4. Aguas residuales de una pequeña fábrica de papel	47

	5.2.5.	*Agua residual de una fábrica de harina de tapioca*	47
	5.2.6.	Agua contaminada con Fenol de un tiradero ilegal de residuos industriales	48
	5.2.7.	*Agua residual de una fábrica de procesamiento de aceite*	49
	5.2.8.	*Aguas residuales de un molino de palma de aceite*	49
	5.2.9.	*Agua residual de un fabricante de aluminio*	49
	5.2.10.	*Aguas residuales de una compañía de fertilizantes, de una industria de cantera y de un tiradero público*	51
	5.2.11.	*Mezcla de aguas residuales provenientes de un laboratorio y del drenaje*	52
5.3	**Desecho de lixiviados de rellenos sanitarios**		54
	5.3.1.	*Desecho de lixiviados en un relleno sanitario en Australia*	54
	5.3.2.	*Deshecho de lixiviados de relleno sanitario en México*	55
	5.3.3.	*Deshecho de lixiviados de relleno sanitario en Marruecos*	56
	5.3.4.	*Disposición de lixiviados de un relleno sanitario en los Estados Unidos*	57
	5.3.5.	*Deshecho de lixiviados de relleno sanitario en Iran*	58
5.4.	**Control de la filtración del lixiviado de un relleno sanitario municipal**		59
5.5.	**Reducción de elementos tóxicos en agua para riego**		61

VI.	**PREVENCION, TRATAMIENTO Y REHABILITACION DE DESECHOS DE MINERIA Y DE TIERROS CONTAMINADOS**	**63**
	6.1. Mina de oro	65
	6.2. Mina de carbón	72
	6.2.1. Suelo sobre el yacimiento	72
	6.2.2. Relave minero	74
	6.3. Minas de Bentonita	77
	6.4. Mina de Bauxita	79
	6.5. Mina de Cobre	83
	6.6. Minas de Plomo y de Zinc	87
	6.7. Mina de mineral de Hierro	90
	6.8. Paisaje contaminado de amoníaco y nitrato	92
	6.9. Paisaje contaminado por hidrocarburo	95
	6.10. Tierras contaminadas por agroquímicos	95
VII	**REFERENCIAS Y BIBLIOGRAFÍA**	**97**

I. INTRODUCCION

Al investigar los usos de las extraordinarias cualidades del pasto Vetiver para la conservación de suelos y aguas, se descubrió que este pasto posee también características fisiológicas y morfológicas que son particularmente apropiadas para la protección ambiental, especialmente para la prevención y tratamiento de suelos y aguas contaminadas. Estas características sobresalientes incluyen una gran tolerancia a niveles altos e incluso tóxicos de salinidad, acidez, alcalinidad y un amplio rango de metales pesados y agroquímicos. El pasto Vetiver también demostró una capacidad excepcional para absorber y tolerar elevados niveles de nutrientes, así como para absorber grandes catidades de agua en el proceso de generar una gran cantidad de biomasa en condiciones húmedas.

Los usos y aplicaciones de la Tecnología del Sistema Vetiver (TSV) como herramienta de fitoremediación para la protección ambiental representan una estrategia innovadora que tiene un enorme potencial. La TSV es una solución natural, verde, sencilla, práctica y económica. Y lo mas importante, los subproductos de las hojas del Vetiver ofrecen un amplio rango de usos que incluyen artesanías, forrajes, techos, arrope y combustibles, por nombrar solo algunas.

Su efectividad, simplicidad y bajo costo hacen de la TSV un valioso aliado en los numerosos países tropicales y subtropicales que requieren tratamiento de aguas domésticas, municipales e industriales, así como en la rehabilitación y fitoremediación de tierras y residuos de minas.

II. COMO FUNCIONA LA TECNOLOGIA DEL SISTEMA VETIVER (TSV)

La TSV es medida de prevención y tratamiento de aguas tierras contaminadas de la siguiente forma:

Prevención y tratamiento de agua contaminada
- Elimina o reduce el volumen de las aguas residuales
- Mejora la calidad de aguas residuales y contaminadas,
- Absorbe nutrientes, metales pesados y otros contaminantes

Prevención y tratamiento de tierras contaminadas
- Control de contaminantes en campo,
- Fitorremediación de suelos contaminados,
- Atrapar materiales erosionados y basura en aguas de escorrentía,
- Absorción de nutrientes, metales pesados y otros contaminantes

III. ATRIBUTOS ESPECIALES DEL VETIVER ADECUADOS PARA FINES DE PROTECCIÓN AMBIENTAL

El Vetiver tiene características especiales que son aplicables directamente para fines de protección ambiental, incluyendo los siguientes atributos morfológicos, fisiológicos y agronómicos.

3.1. Atributos Morfológicos

3.1.1. Raíces del Vetiver

El éxito del uso del Vetiver para fitoremediar suelos y aguas contaminadas radica en la interacción de sus raíces con los cuerpos contaminados. El Vetiver posee un intrincado sistema de raíces que es abundante, complejo y extenso (figura 1). El sistema de raíces puede alcanzar de 3 a 4 metros de profundidad durante el primer año de la plantación (Hengchaovanich, 1998) y adquirir un largo total de 7 metros después de 36 meses (Lavania, 2003). Las características propias del sistema de raíces permiten su sobrevivencia bajo condiciones de sequía extrema, al absorber humedad de las profundidades del suelo. Este sistema de raíces también evita que las corrientes de agua arranquen las plantas (Hengchaovanich, 1999; Hengchaovanich and Nilaweera, 1998). El pasto, sin embargo, no puede penetrar mucho mas abajo del nivel freático; por lo tanto, en lugares en los que el nivel del agua está cerca de la superficie, el sistema de raíces puede no ser tan largo como en lugares mas secos (Van and Truong, 2008). Adicionalmente, la mayoría de las raíces del Vetiver son muy finas, con un diámetro promedio de 0.66 mm (de un rango de entre 0.2 a 1.7 mm) (Cheng et al., 2003). El crecimiento vertical de las raíces del Vetiver alcanza hasta 3 cms por día a una temperatura del suelo de 25°C. A una mayor temperatura del suelo, el crecimiento de las raíces es mayor pero no significativa. A una menor temperatura (13°C), se detecta crecimiento en las raíces, demostrando que el Vetiver todavía no entra en latencia a esa temperatura (Wang, 2000). La expansión lateral de las raíces es de entre 0.15 y 0.29 m, con un promedio de 0.23 m (Mickovski et al., 2005). Similarmente, el crecimiento de las raíces del Vetiver alcanzó aproximadamente 25 cm de ancho en el estudio de Nix et al.

(2006). Ocho meses después de sembrarse, el Vetiver produce 0.48 kg de raíces secas por planta. La forma del sistema de raíces del Vetiver ofrece una gran superficie de contacto con las partículas del suelo y los contaminantes, dando como resultado una eficiente fitorremediación de suelos y aguas residuales.

Figura 1. Sistemas de raíces masivas, penetrantes y profundas

3.1.2. Retoños del Vetiver

El Vetiver tiene una estructura de hojas y retoños poco común. A diferencia de otros pastos, el Vetiver tiene una hoja en forma de V con una costilla central prominente, que controla la apertura y el cierre de la hoja. Bajo condiciones de humedad o encharcamiento, las hojas se abren permitiendo una mayor transpiración. Liao et al (2003) descubrió que las hojas de Vetiver que crecen en los humedales son mas delgadas y la densidad de los estomas aumenta – una combinación ideal para tratar aguas residuales; pero en condiciones de sequía, las hojas se cierran reduciendo la transpiración para conservar la humedad (Figura 2), por lo que es muy resistente a la sequía. Los brotes rectos y rígidos forman una cubierta densa en forma de embudo con hojas a una inclinación de entre 45° y 135°, no llanas u horizontales como plantas de hojas anchas o como la mayoría de los pastos (Figura 3). Esta arquitectura de los brotes tiene varias implicaciones importantes: hay una mayor incidencia de rayos solares en las hojas individuales mientras el sol se mueve de este a oeste, por ambos lados de las hojas, exponiendo a la mayoría de las hojas simultáneamente al sol y con un mínimo de sombra entre ellas. Como consecuencia, hay una mayor superficie de hojas expuestas al sol durante mayor tiempo para la fotosíntesis, permitiendo un mayor crecimiento en comparación con otras plantas.

Figura 2. Hojas en forma de V con una costilla central prominente que puede abrirlas y cerrarlas

Figura 3. Brotes rígidos y erguidos con una inclinación de entre 45°- 135° (foto izquierda), y formando un seto cerrado cuando se plantan cerca unas de otras (foto derecha).

3.2. Características fisiológicas

Una profunda investigación sobre las características fisiológicas del Vetiver en las últimas décadas ha demostrado que es un excelente candidato para ser aplicado en un amplio rango de necesidades de fitoremediación, de acuerdo a los aspectos presentados a continuación:

3.2.1. Tolerancia a condiciones climáticas extremas

En primer lugar, el Vetiver es muy adaptable a condiciones climáticas extremas. Puede desarrollarse y sobrevivir bajo sequías prolongadas, inundaciones y también en climas calientes y fríos. La extensa y larga raíz del Vetiver mencionada anteriormente, puede utilizar la humedad en las profundidades del suelo para permitir la sobrevivencia del pasto Vetiver bajo condiciones de sequía hasta por 6 meses. (Figura 1). Adicionalmente, el pasto Vetiver es considerado una hidrófita (una planta de humedal) debido a su bien desarrollada red de sclerenchyma (paredes celulares que encapsulan aire). Consecuentemente, el Vetiver puede desarrollarse en un ambiente hidropónico. Se demostró que el Vetiver puede sobrevivir completamente sumergido por mas de 120 días (Xia et al. 2003). De igual forma, el Vetiver puede sobrevivir por mas de tres meses bajo aguas lodosas, como en una prueba realizada para estabilizar la ribera del río Mekong en Cambodia en el 2007 (Toun Van, pers.com.). Parcialmente sumergido, pudo resistir hasta 8 meses en una prueba en Venezuela (Figura 4).

Figura 4. Vetiver sobreviviendo bajo una prolongada sequía (foto izquierda) en Australia (nota como todas las plantas nativas se han secado); y bajo 25 cms de agua por 8 meses (foto derecha) en Venezuela. Fuente: www.vetiver.org.

Por otro lado, el Vetiver puede soportar muy altas temperaturas de hasta 55°C en Kuwait (Xia et al., 1999). Adicionalmente, en las heladas muere la parte alta del Vetiver pero sus partes de crecimiento subterráneo sobreviven (Truong et al., 2008). El crecimiento del Vetiver no fue afectado por una helada severa de –11°C en Australia y sobrevivió por un periodo corto a –22°C en el norte de China.

3.2.2. Tolerancia al fuego

Brotes secos o congelados de Vetiver pueden arder rápidamente, pero puede sobrevivir incendios severos y recuperarse por completo después de quemarse porque su crecimiento ocurre bajo la superficie (Figura 5).

Figura 5. El Vetiver se recupera con fuerza después de incendios intensos en Vanuatu (izquierda) y Australia (derecha). Fuente: www.vetiver.org.

3.2.3. Tolerancia a condiciones adversas en el suelo

Otra interesante característica del Vetiver es su gran tolerancia a una amplia gama de condiciones extremas de suelo, tales como niveles altos y bajos de pH, alto contenido de aluminio, alta salinidad, y alta causticidad. Experimentos en invernadero y en campo demostraron que el Vetiver puede crecer bien en suelos con pH entre 3.3 – 9.5 (Danh et al., 2009). Particularmente, Vetiver mostró un excelente crecimiento en suelos abandonados de minas de oro (pH = 2.7) y minas de bauxite (pH = 12) en Northern Queensland, Australia (Danh et al., 2012). El Vetiver puede crecer en suelos con un nivel de saturación de aluminio (ASL) del 68-86%, sin embargo, el pasto no sobrevivió una saturación del 90% con un pH de 2 (Truong and Baker, 1997). Un estudio en Vanuatu indicó recientemente que el Vetiver puede desarrollarse en suelos muy ácidos con un ASL de 87% (Truong, 1999). También crece con una salinidad EC_{se} de hasta 47.5 dS m^{-1}, su límite de salinidad es de EC_{se} = 8 dS m^{-1} y valores de EC_{se} de 20 dS m^{-1} reducen su rendimiento al 50%. El pasto Vetiver también demostró que puede crecer en agua de mar con niveles de salinidad de 0 a 19.64 dS m^{-1}, equivalente a 0 - 11 ‰ de sal (Cuong et al., 2015). Por esta razón el Vetiver se clasifica dentro de un grupo de especies de pastos y plantas altamente tolerantes que se cultivan en Australia (Greenfield, 2002). Adicionalmente, el crecimiento del pasto Vetiver en suelos con un porcentaje de intercambio de sodio (ESP por sus siglas en inglés) de hasta 48% no se vio afectado (Bevan et al., 2000), mientras que valores de ESP mayores al 15% se consideran altamente sódicos(Northcote and Skene, 1972).

3.2.4. Tolerancia a un amplio rango de metales pesados contaminantes

Un atributo especial del Vetiver descubierto recientemente y que lo convierte en una planta excelente para la fitoremediación es su capacidad para tolerar y acumular una gran variedad de metales pesados. Mientras que la mayoría de las plantas vasculares son muy sensibles a la toxicidad causada por metales pesados y sus límites de resistencia a metales en el suelo son muy bajos, el pasto Vetiver puede tolerar no solamente altas concentraciones de metales específicos aisladamente, sino también una combinación de diversos metales pesados (Danh et al., 2012). Una serie de experimentos bajo condiciones de invernadero demostró altos niveles límite de tolerancia del Vetiver a una amplia gama de metales pesados en el suelo, aplicados individualmente (tabla 1). El Vetiver puede sobrevivir y desarrollarse bien en condiciones de invernadero en suelos contaminados con múltiples metales pesados, con índices de Pb, Zn y Cu en el rango de 1155 - 3281.6, 118.3 - 1583 y 68 - 1761.8 mg kg^{-1} respectivamente. También demostró un buen crecimiento en terrenos devastados por minas de hierro que contienen altos índices de múltiples metales pesados, con concentraciones totales de Fe, Zn, Mn y Cu de 63920, 190, 3220 y 190 mg kg^{-1} respectivamente. (Roongtanakiat et al., 2008). En campo, el Vetiver pudo crecer en terrenos de minas contaminados con un total de Pb, Zn, Cu y Cd de 2078 - 4164, 2472 - 4377, 35 - 174 and 7 - 32 mg kg^{-1}, respectivamente. Recientemente, se ha demostrado que el pasto Vetiver puede acumular en sus raíces y hojas altas cantidades de éstos metales (tabla 2). El hecho de que la mayoría de los metales pesados se acumulan en las raíces y sólo un porcentaje pequeño lo hace en las hojas, hace que el pasto Vetiver sea muy apropiado para la fito- estabilización de suelos contaminados con metales pesados (Danh et al., 2012).

Tabla 1. Niveles límite de concentración de metales pesados para el crecimiento de Vetiver, basado en experimentos con elementos aplicados individualmente (Danh et al., 2012).

Metales pesados	Límite para el crecimiento de la mayoría de plantas vasculares (mg kg^{-1})		Límite para el crecimiento del Vetiver (mg kg^{-1})	Sobrevivencia del Vetiver bajo los mas altos niveles reportados en la literatura (mg kg^{-1} en suelos)
	Nivel hidropónico	*Nivel en suelos*	*Nivel en suelos*	
Arsénico	0.02-7.5	2.0	100-250	959
Boro				180
Cadmio	0.2-9.0	1.5	20-60	60
Cobre	0.5-8.0	NA	50-100	2600
Chromium	0.5-10.8	NA	200-600	2290
Plomo	NA	NA	>1500	10750
Mercurio	NA	NA	>6	17
Nickel	0.5-2.0	7-10	100	100
Selenio	NA	2-14	>74	> 74
Zinc	NA	NA	>750	6400
Hierro				63920 [1]
Manganeso				3220 [1]
Uranio				250 [2]

Nota: [1] Roongtanakiat et al., (2008), [2] Hung et al., (2012).

Recientemente se investigó el potencial del Vetiver para acumular uranio (U) de cuatro suelos contaminados intencionalmente (Hung et al., 2012). Los suelos fueron inyectados con una solución líquida de nitrato de uranio a cuatro concentraciones de U : 0, 50, 100 and 250 mg kg^{-1} en suelo seco. Se descubrió que el Vetiver creció bien a incluso la mayor concentración de U, sin mostrar señales de toxicidad. Adicionalmente, la biomasa del pasto que creció en suelos contaminados con altas concentraciones de U no fue significativamente diferente de la que creció el testigo. El Vetiver acumuló mas U en las raíces que en las hojas. Se descubrió que la capacidad de acumulación depende de las propiedades del suelo. Una alta salinidad incrementa la captura, pero la materia orgánica, y la presencia de contenidos ferrosos, potasio y arcillas reduce la capacidad del Vetiver para captar el U. A menor contenido de nutrientes en el suelo, mayor la captura de U por la planta. Esto nos permite concluir que el Vetiver es una planta con potencial para fitoremediar suelos contaminados con uranio.

Tabla 2. Las mayores concentraciones de metales pesados acumulados en las raíces y hojas del Vetiver reportadas en la literatura (Danh et al., 2012).

Metales pesados	Condición de suelo		Condición hidropónica	
	Raíces (mg kg^{-1})	Hojas (mg kg^{-1})	Raíces (mg kg^{-1})	Hojas (mg kg^{-1})
Plomo	4940	359	≥ 10,000	≥ 3350
Zinc	2666	642	>10,000	>10,000
Chromium	1750	18		
Cobre	953	65	900	700
Arsénico	268	11.2		
Cadmio	396 [1]	~ 44	2232	93
Mercurio			1310 [2]	
Hierro	871 [3]	1197 [3]		
Manganeso	552 [3]	648 [3]		
Uranio	28 [4]	164 [4]		

Nota: [1] Zhang et al., (2014), [2] Lomonte et al., (2014), [3] Roongtanakiat et al., (2008), [4] Hung et al., (2012).

3.2.5. Tolerancia a agroquímicos, contaminantes orgánicos y antibióticos

Se ha descubierto recientemente que el Vetiver es muy resistente a una diversidad de contaminantes orgánicos en el suelo, incluyendo agroquímicos, antibióticos y residuos orgánicos (tabla 3). Particularmente, se ha demostrado que el Vetiver tiene la capacidad de remover fenol, tetracyclina y 2,4,6-trinitrotolueno (TNT) del sustrato en el que crece.

3.2.5.1. Atrazina

El Vetiver puede tolerar hasta 20 ppm de atrazina durante 6 semanas, incluso en condiciones de máxima disponibilidad creadas por el uso de un sistema hidropónico (Marcacci et al., 2006). Esto se puede explicar por el hecho de que el Vetiver genera un proceso efectivo de desintoxicación que involucra la conjugación y la desalkylización (proceso químico en el que se remueve el grupo químico alkyl) de la atrazina, en el que la conjugación es mas preponderante que la desalkylización. L des a atrazina conjugada se detectó principalmente en las hojas, mientras que los elementos alkylizados se encontraron tanto en las raíces como el las hojas. Adicionalmente,las raíces del Vetiver demostraron ser capaces de secuestrar atrazina en sus componentes oléicos. Los aceites de la raíces del Vetiver se incrementan con la edad, por lo que la capacidad para secuestrar atrazina puede aumentar con el tiempo. Debido al crecimiento constante del sistema de raíces, algo del contenido de atrazina en el agua puede ser reubicado a los tallos a través del proceso de transpiración, donde ocurre la desintoxicación. Sembrada en el suelo, el crecimiento de la planta del Vetiver, medido por la actividad de clorofila en las hojas, no disminuyó con la aplicación de una alta concentración de atrazina, equivalente a 1 mg/L. La reducción de atrazine en suelos tratados con Vetiver fue significativamente mayor que en el tratamiento del control hidropónico experimental, debido a que la acumulación de atrazina en las raíces indujo una degradación microbiana en la rizósfera (Winter, 1999). Se puede concluir que la combinación de estas propiedades del Vetiver lo convierten en una planta ideal para la fitoremediación de la atrazina, que posiblemente pueda ser también aplicada a otros contaminantes agrícolas e industriales, tales como la dioxina.

Tabla 3. Tolerancia del Vetiver a las mas altas concentraciones de contaminantes orgánicos registradas

Contaminantes orgánicos		Suelos	Hidropónico	Referencias
Agroquímicos				
	Atrazina		20000 µg L^{-1}	1
	Diuron		2000 µg L^{-1}	2
Antibióticos				
	Tetracycline		15 mg L^{-1}	3
Otros				
	Fenol		1000 mg L^{-1}	4
	2,4,6-Trinitrotolueno	80 mg kg^{-1}		5
			40 mg L^{-1}	6
	Benzo[A]pyreno	100 mg kg^{-1}		7
	Hidrocarburos	5%		8

Nota: 1 Marcacci et al., 2006; 2 Cull et al., 2000; 3 Datta et al., 2013; 4 Singh et al., 2008; 5 Das et al., 2007b; 6: Makris et al., 2007b; 7 Li et al., 2006; 8 Brandt et al., 2006.

3.2.5.2 Antibióticos

El Vetiver removió completamente la tetracyclina (TC) de tres experimentos con distintas concentraciones de TC (5, 10, y 15 mg L^{-1}) en un periodo de 40 días, no habiendo una reducción significativa en la concentración de TC en el testigo de control sin pasto Vetiver (Datta et al., 2013).

3.2.5.3. Fenol

Plántulas de Vetiver creciendo en condiciones asépticas pudieron remover casi la totalidad del fenol en un medio de cultivo con concentraciones de fenol menores a 200 mg L^{-1} en un periodo de 4 días (Singh et al., 2008). El Vetiver removió el 89%, el 76%, y el 70% del fenol en un período de 4 días en el medio de cultivo a concentraciones de 200, 500 and 1000 mg L^{-1}, respectivamente. Por tratarse de plantas estudiadas bajo condiciones de asepsia, eliminando la posibilidad de la acción de otros microorganismos, este estudio indica que el Vetiver es el único responsable de la remediación del fenol. Sin embargo, el estudio de Phenrat et al. (2015) sugiere que la degradación del fenol por el pasto Vetiver involucra dos fases (figura 6). La primera fase comprende una fito-oxidación y una fito-polimerización del fenol apoyada por la producción de H_2O_2 y peroxidasa (POD) en las raíces. La segunda fase combina la primera fase con un aumento en la degradación como consecuencia de una mayor actividad rizomicrobial. Inicialmente, se eliminó la toxicidad del fenol rápidamente al ser transformado en radicales de fenol, seguido por una polimerización para tener poli-fenoles no tóxicos o una polimerización selectiva con materias orgánicas naturales, que se precipitaron después en forma de partículas de poli-fenoles (PPP) o partículas de materia orgánica (PMO). Después de la primera fase, la concentración de fenol disminuyó considerablemente, mientras que la de PPP y PMO se incrementaron significativamente, como se demuestra por el aumento de la demanda química de oxígeno por las partículas. Sinérgicamente, los microorganismos crecieron intensamente en las raíces del pasto Vetiver y participaron en la degradación microbiana del fenol en baja concentración, incrementando la velocidad de degradación del fenol mas de 4 veces en comparación con la velocidad de degradación en la primera fase, y aproximadamente 32 veces comparada con la velocidad de remoción del fenol sin pasto Vetiver. El efecto combinado de la fito- oxidación y la fito-polimerización apoyada por las raíces, y la degradación rizomicrobiana, resultaron en la remoción completa del fenol en las aguas residuales.

La efectividad del pasto Vetiver para degradar fenol se investigó en una plataforma flotante así como en un humedal con flujo horizontal de agua en condiciones de laboratorio (Phenrat et al., 2015). El fenol se degradó a un ritmo constante de 9.7 x 10^{-3} h^{-1} en el tratamiento de la plataforma flotante (100 plantas de Vetiver por 35 L de agua residual), y 10 x 10^{-3} h^{-1} en el tratamiento del humedal con flujo horizontal de agua (20 plantas de vetiver en 40cm x 20 cm). La velocidad de degradación del fenol en los tratamientos con Vetiver son aproximadamente 10 veces mas lentos que la que se logra con técnicas de ingeniería avanzada con ultrasonido, a 111 x 10^{-3} h^{-1}. Sin embargo, la degradación del fenol y otras substancias peligrosas utilizando el pasto Vetiver es mucho mas apropiada si se considera lo práctico de la técnica y la magnitud de las áreas donde hay contaminación.

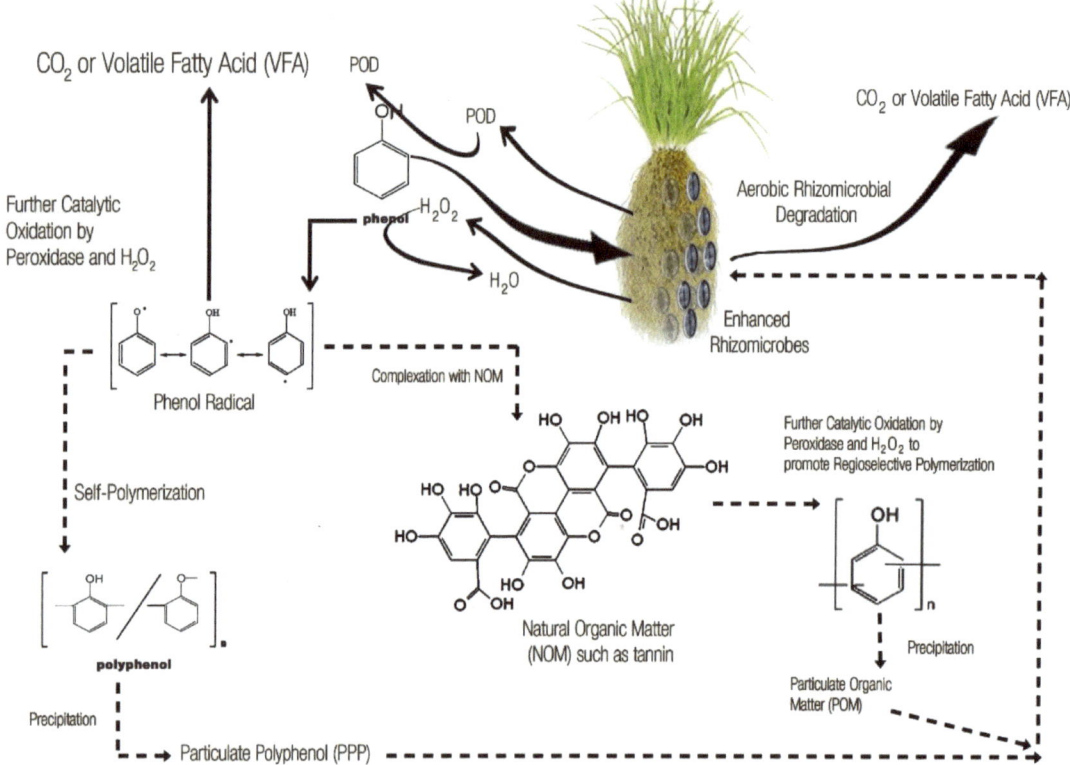

Figura 6: Mecanismo hipotético de la degradación del fenol por el pasto Vetiver en las aguas residuales (Fuente: Phenrat et al., 2015).

3.2.5.4. 2,4,6-trinitrotolueno (TNT)

Bajo condiciones hidropónicas el Vetiver demostró una gran afinidad con el TNT al removerlo casi por completo de una solución de 40 mg TNT L^{-1} después de 8 días de tratamiento (Makris et al., 2007a). La remoción cinética del TNT por el pasto Vetiver se incrementó significativamente al agregar urea como agente caotrópico (Makris et al., 2007b). No se detectó TNT ni en las raíces ni en las hojas, pero tres importantes metabolitos de TNT se encontraron en las raíces, indicando que ahí se degrada el TNT. De igual forma, el Vetiver puede reducir el 97% del TNT en un suelo tratado con 40 mg kg^{-1} TNT después de 3 días (Das et al., 2010). Al duplicar la concentración inicial de TNT (80 mg kg^{-1}), después de 3 y 12 días el Vetiver pudo remover el 39% y el 88% de TNT respectivamente en el suelo sin añadir urea, y hasta un 84% y 95% de TNT respectivamente agregando urea.

3.2.5.5 Compuestos aromáticos (Benzo [A] pyrene)

En un humedal construido con un flujo de agua inducido bajo la superficie, Thao Minh Tran et al (2015) mostró que el Vetiver removió el 96.8% del fenol y casi el 100% del benceno. En el tratamiento en la balsa flotante las raíces del Vetiver removieron el 91.5% del fenol y el 96% del benceno.

3.2.5.6. Petróleo crudo

En un experimento pequeño llevado a cabo para remediar suelos contaminados alrededor de un pozo petrolero en Argentina, los resultados mostraron que el Vetiver puede crecer en suelos seriamente contaminados con petróleo crudo. El mejor crecimeinto se observó cuando el Vetiver se plantó en suelos contaminados cubiertos con 5 cms de composta orgánica o en una mezcla de 70% de suelo contaminado y 30% composta, y 50% de suelo contaminado y 50% de composta.

Figura 7. El color de la capa del suelo cambió cuando las raíces penetraron en el suelo contaminado.

Después de 5 meses de cultivo, las raíces sanas y jóvenes de Vetiver que crecieron en el suelo contaminado, gradualmente cambiaron el color del suelo de un café rojizo a un gris obscuro (Figura 7) y redujeron el olor a petróleo en el suelo. El resultado implica una reducción drástica de la concentración de hidrocarburos en los suelos contaminados y posiblemente un incremento en el contenido de materia orgánica y en la actividad microbiana. A partir de este estudio preliminar, el Vetiver se puede considerar una excelente alternativa para el tratamiento de suelos contaminados con hidrocarburos (M.T.D. S. Ferrari pers.com).

En un estudio dirigido a determinar la tolerancia del Vetiver a suelos contaminados con petróleo crudo y su capacidad para estimular la biodegradación de hidrocarburos derivados del petróleo en el suelo, Brandt et al (2006) descubrió en Venezuela que después de 6 meses, el número de plantas sembradas en un surco con suelos contaminados con 5% de petróleo venezolano era mayor que el del testigo de control. A pesar de mostrar una significativa reducción de la biomasa, de la altura de las plantas y del crecimiento de las raíces en presencia del petróleo crudo, los brotes del Vetiver no presentaron ningún síntoma de toxicidad. En cuanto a la degradación total de petróleo y aceites en el suelo, no se registró ningún decremento significativo con la presencia del Vetiver. Puede concluirse que el cultivo de Vetiver en sitios contaminados con petróleo se considera útil. Por un lado, el Vetiver proporciona control de erosión y por lo tanto, evita que la contaminación se extienda a otros sitios. Adicionalmente, si se planta en suelos levemente contaminados con petróleo, el Vetiver puede mejorarlos para el cultivo subsecuente de especies remediadoras.

Se estudió el nivel de tolerancia y potencial de rehabilitación del pasto Vetiver en diversos aceites industriales procesados en un experimento llevado a cabo en un pequeño invernadero en Australia. Se recolectaron muestras de suelos de una mina de oro en Queensland entre el 2001 y el 2007. Seis meses después de la siembra se encontró que (Truong, pers.com):

- El disel es altamente tóxico para el crecimiento del Vetiver. El pasto no pudo sobrevivir a una mezcla del 50% de contaminación con diesel. El diesel es todavía mas tóxico si se asperja en las hojas.
- El Vetiver puede tolerar moderadas concentraciones de aceite hidráulico,
- El Vetiver es muy tolerante a aceite hidráulico degradado/oxidado.

3.2.5.7 Dioxina

Anticipando que el Vetiver tendría un efecto similar al que tuvo con la atrazina, el Ministerio Vietnamita de Recursos Naturales y Medio Ambiente financió un proyecto de fitoremediación para la dioxina que se llevó a cabo en el 2014 en la base aérea Bien Hoa, Provincia de Dong Nai, en Vietnam (Huong et al, 2015). La dioxina es un contaminante manufacturado que se encuentra en el Agente Naranja, que es una mezcla 1:1 de los herbicidas 2,4,5-T y 2,4-D. Las dioxinas son un grupo de químicos que han causado serios problemas de salud en los seres humanos, incluyendo defectos de nacimiento, erupciones cutáneas, síntomas psicológicos y cánceres. Durante la guerra de Vietnam, se aplicaron 76 millones de litros de Agente Naranja en 1.82 millones de hectáreas en Vietnam del Sur. El Valle Luoi (65 km al oeste de Hue, cerca de la frontera con Laos) y la base aérea Bien Hoa (cerca de Saigon) fueron las dos principales facilidades de almacenamiento del Agente Naranja durante la guerra. El objetivo general fue tratar la tierra contaminada en la base aérea Bien Hoa, y mas específicamente, determinar si el Vetiver puede crecer en suelos tan contaminados y descomponer las dioxinas como lo hizo con la atrazina.

Después de una investigación preliminar sobre los niveles de dioxina en esta área, el Vetiver fue cultivado en un área de 300 m^2 con un nivel moderado de contaminación por dioxinas (aproximadamente 1000 – 2000 ppt TEQ). Los dos principales objetivos de este proyecto fueron investigar:

- La capacidad del pasto Vetiver pata fito-estabilizar sitios contaminados con dioxinas, evitando la dispersión de la contaminación; y

- Su efectividad para bioremediar los suelos contaminados con dioxinas.

Después de 4 meses de cultivo, el pasto Vetiver creció bien en suelos pobres y moderadamente tóxicos, contaminados químicamente con dioxinas, con y sin suplementos a los suelos. Algunas plantas empezaron a florecer en la semana 16, indicando que el Vetiver se estableció bien en este suelo contaminado. Estos resultados demostraron que el primer objetivo- la capacidad del pasto Vetiver para fito-estabilizar sitios contaminados con dioxinas, se logró tan solo cuatro meses después de la siembra. Esta investigación está actualmente en proceso y los resultados finales se esperan para marzo del 2016. Si los resultados son prometedores, la implementación a gran escala de la Tecnología del Sistema Vetiver para rehabilitar suelos moderadamente tóxicos contaminados con dioxinas en Vietnam será aplicada (Figura 8).

Figura 8. Vetiver 5 meses después de sembrado, con suplementos al suelo(izquierda); y sin suplementos al suelo (derecha).

3.2.6. Tolerancia a cenizas volátiles suspendidas

La generación de energía basada en la combustión del carbón es la principal fuente de electricidad en muchos países. Aproximadamente del 15 al 30% de la cantidad total de los residuos generados durante la combustión del carbón son las cenizas volátiles suspendidas. Parte de estas cenizas son reutilizadas en la fabricación de cementos, concreto, ladrillos, substitutos de madera, estabilización de suelos, muros de contensión en caminos, consolidación de tierras y suplementos para la agricultura (Asokan et al., 2005; Jala and Goyal, 2006). El resto se tira en rellenos sanitarios a cielo abierto que se encuentran bajo presión por consideraciones ecológicas y reglamentos ambientales cada vez mas estrictos. La colonización de terrenos con depósitos de ceniza con plantas es una solución económica y efectiva para reducir los impactos ambientales, tales como evitar emisiones fugitivas de polvo, controlar la erosión del suelo, estabilizar la superficie de los terrenos con cenizas, prevenir una potencial contaminación de los mantos friáticos y finalmente, generar una cobertura vegetal que es vital en el largo plazo. Sin embargo, la ceniza frecuentemente inhibe el crecimiento de las plantas debido a sus características, tales como su alcalinidad, deficiencia de nutrientes, contenidos tóxicos de metales pesados y una pobre estructura física. Por lo tanto, la identificación y selección de las especies de plantas que toleran niveles tóxicos de metales pesados, ha atraído mucha atención para el tratamiento de tiraderos de cenizas volátiles (Das and Adholeya, 2009).

El Vetiver fue seleccionado e investigado por su capacidad para remediar mezclas de suelos con cenizas volátiles (al 0, 25, 50 and 100%) en un periodo de 18 meses en un experimento en macetas (Ghosh et al., 2015). Se analizaron los metales en las mezclas y sus respectivos lixiviados para entender el papel que juegan los metales pesados en la genotoxicidad inducida en el experimento. Se calculó la cantidad de metales presentes en las raíces y hojas de Vetiver creciendo en diferentes porcentajes de cenizas para entender el grado de remediación de cenizas por la acción del Vetiver. El estudio reveló una marcada disminución en la concentración de metales pesados y la significativa reducción del potencial genotóxico en las mezclas con cenizas, indicada por la reducción en la formación de micro-núcleos, células binucleadas y aberraciones en los cromosomas en las raíces del Vetiver en un periodo de 18 meses. Por lo tanto el Vetiver puede ser un excelente candidato para remediar y restaurar los tiraderos de cenizas volátiles.

3.2.7. *Tolerancia a altos niveles de nutrientes en el agua y los suelos*

El Vetiver ha demostrado una gran capacidad para tolerar y acumular altas concentraciones de nitrógeno (N) y fósforo (P) - **los principales elementos responsables de la contaminación del agua** (Figura 9). La aplicación de hasta hasta 10,000 and 1,000 kg ha^{-1} al año^{-1} de N y P respectivamente, no afectó negativamente el crecimiento del Vetiver. Sin embargo, a dosis superiores a los 6,000 and 250 kg ha^{-1} al año^{-1} de N y P, respectivamente, se observó un crecimiento insignificante del Vetiver (Wagner et al., 2003).

Figura 9. Alta capacidad de remoción de N y P del Vetiver: agua residual infestada con alga verdeazul (izquierda) con alto contenido de nitrato (100 mg L^{-1}) y fosfato (10 mg L^{-1}), y el mismo efluente después del tratamiento de 4 días con Vetiver (derecha) reduciendo el nivel de N y P a 6 y 1 mg L^{-1} respectivamente. La infestación de algas fue completamente eliminada.

3.2.8. Alta velocidad de remoción de nutrientes en el agua y el suelo

3.2.8.1. Nitrógeno y fósforo

El Vetiver es superior en términos de la capacidad para eliminar N y P comparado con otros pastos (Figura 10). Bajo condiciones hidropónicas, con una descarga de drenaje fluyendo a través de raíces de Vetiver a una velocidad de 20 L min^{-1}, un metro cuadrado de Vetiver puede tratar 30,000 mg de N y 3,575 mg de P en 8 días (Hart et al., 2003).

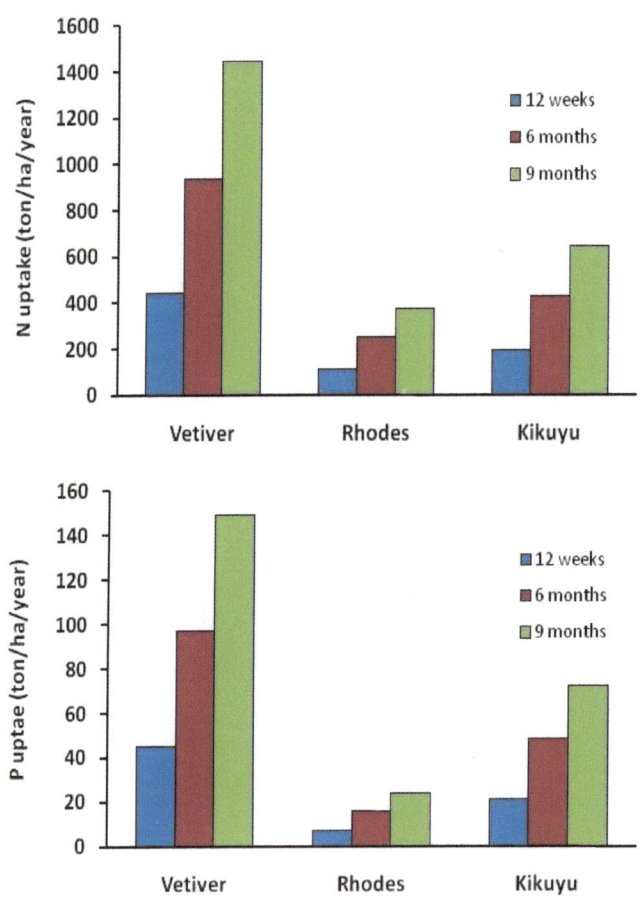

Figura 10. Capacidad de remoción de N (arriba) y P (abajo) de tres pastos en el tiempo.

En este experimento, el Vetiver tuvo un mejor rendimiento que otras plantas y pastos, como el pasto Rhodes, Kikuyu, green panic, sorgo forrajero, rye grass y el árbol de eucalipto (Truong, 2003). El Vetiver logró una reducción total de N y P en aguas de río contaminadas (con concentraciones iniciales de 9.1 y 0.3 mg L^{-1} respectivamente) en un

71 y un 98% respectivamente, después de 4 semanas de tratamiento (Zheng et al, 1997). El Vetiver pudo remover hasta 740 kg N ha^{-1} y 110 kg P ha^{-1} después de 3 meses en sitio con alta concentración de nutrientes y 1,020 kg N ha^{-1} y 85 kg P ha^{-1} en 10 meses en un sitio con bajas concentraciones (Vieritz et al., 2003). En un experimento en contenedores (Smeal et al., 2003), el Vetiver demostró una alta velocidad de recuperación por el N en sus brotes, pero baja por P (tabla 4).

Tabla 4. Rango de recuperación de N y P por el Vetiver.

Tratamiento	Recuperación por el Vetiver (%)		Recuperación en el suelo (%)	Total
	Hojas	Raíces		
N (ton ha^{-1} por año)				
2	76.3	20.4	0.3	97
4	72.1	23.1	0.1	95.3
6	67.3	21.2	0.4	88.9
8	56.1	30.0	0.4	86.5
10	46.7	17.0	0.1	63.8
P (kg ha^{-1} por año)				
250	30.5	23.3	46.3	100
500	20.5	14.6	48.7	83.8
1000	16.5	14.2	40.8	71.5

3.2.8.2. Aluminio

El Vetiver ha demostrado ser una buena opción para el tratamiento de aguas residuales contaminadas con aluminio (Al). En un estudio realizado para verificar la cantidad Al adsorbida por tres especies macrófitas (Vetiver, *Scirpus lacustris*, *Typha latifolia*) en aguas industriales contaminadas, los resultados mostraron que a una concentración de Al del 20%, el *Scirpus lacustris* y el Vetiver tuvieron la mayor efectividad de remoción (el 99 y el 98% respectivamente). El Vetiver alcanzó una efectividad del 94% en la remoción del Al a una concentración del 70%. La máxima adsorción del Al durante el proceso de fito-remediación ocurrió en las primeras 24 horas. Basados en análisis estadísticos, se encontró que el pH inicial del agua es un factor importante en los resultados del proceso (Aldana et al., 2013).

3.2.8.3. Boro

El estudio pionero para determinar la capacidad del Vetiver para remover boro (B) se realizó por Angin et al. (2008) El Vetiver se cultivó en una serie de macetas que fueron intencionalmente contaminadas con B (0 - 180 mg B kg^{-1}). El agregar Boro no disminuyó la cantidad de cosecha de materia seca. Después de 90 días de experimentación, se cosecharon las plantas para su análisis químico. La concentración de B que se acumuló en las raíces y brotes se incrementó con el nivel de B en los suelos. El nivel de B en las raíces del Vetiver era mayor que en los brotes: el tratamiento de 180 mg B kg^{-1} resultó en 28 mg B kg^{-1} en las raíces y aproximadamente 17 mg B kg^{-1} en los brotes

3.2.8.4. Fluor

Se probó la capacidad del Vetiver para remover flúor en aguas contaminadas en la comunidad de Guarataro, Yaracuy, Venezuela (Ruiz et al., 2013). Esta comunidad tiene serios problemas de salud pública debido a su consumo de agua subterránea contaminada con altos niveles de flúor que exceden los límites establecidos por el gobierno. Esto provoca fluorosis dental, caracterizada por alteraciones al esmalte y en algunos casos daño gingival y alveolar. El 93% de la población de esta comunidad sufre de fluorosis dental, especialmente los niños. Al inicio del experimento el Vetiver tuvo un efecto positivo al reducir el flúor en el agua (de 2.72 a 2.22 mg L^{-1}). Sin embargo, el Vetiver no tuvo un efecto significativo para disminuir la concentración de flúor en los análisis subsecuentes. Adicionalmente, los análisis químicos de los tejidos de la planta mostraron una absorción significativa de flúor, demostrando que el Vetiver puede acumular este elemento en sus tejidos. Sin embargo, esta acumulación no es significativa para el tratamiento de aguas contaminadas con flúor. En cuanto al nitrógeno y el fósforo, el Vetiver redujo estos contaminantes en mas del 90%, demostrando la alta eficiencia de esta planta en la remoción de nutrientes.

3.2.9. Alto régimen de transpiración

Otro aspecto peculiar del Vetiver es su alto régimen de transpiración, que juega un papel clave en la fitoremediación de aguas residuales. Es debido al hecho que la planta transpira suficiente agua del medio de cultivo que puede remover efectivamente los contaminantes (Vose et al., 2004). Truong y Smeal (2003) establecieron una correlación entre el uso del agua (la humedad del suelo a la capacidad del campo de cultivo) y el peso en seco de la cosecha de Vetiver. Por 1 kg de biomasa seca en forma de brotes, el Vetiver usa 6.86 L por día $^{-1}$ de agua. El Vetiver de 12 semanas con una cosecha de materia seca estimada en

40.7 t ha^{-1} al clímax de su ciclo de producción, usa aproximadamente 279 KL ha^{-1} por día $^{-1}$. Comparada con otras plantas de humedal como el *Iris pseudacorus, Typha spp., Schoenoplectus validus, Phragmites australis*, el Vetiver tiene el mayor régimen de uso de agua (Cull et al., 2000). Por ejemplo, a un régimen promedio de consumo de 600 ml por día $^{-1}$ por maceta^{-1} en un periodo de 60 días, el Vetiver usó 7.5 veces mas agua que la *Typha*.

3.2.10. Mejor rendimiento que otras especies de plantas

Investigando en la literatura las diferentes plantas macrofitas, (en documentos publicados entre 1997 y 2014) que han sido utilizadas en el tratamiento de aguas residuales industriales y domésticas, tales como las de una granja de cerdos, de una empresa de procesamiento de lácteos, una fabrica de azúcar, una de textiles, una curtiduría, una fosa séptica, aguas grises y negras domésticas y municipales, aguas de río y de lagos, se puede ver que el Vetiver es tan efectivo, y con frecuencia todavía mejor en el tratamiento de las aguas residuales que otras macrofitas, como la *Cyperus alternifolius, Cyperus exaltatus, Cyperus papyrus, Phragmites karka, Phragmites australis, Phragmites mauritianus, Typha latifolia, Typha angustifolia, Eichhornia crassipes* (Jacinto de agua)*, Iris pseudacorus, Lepironia articutala y la Schoenoplectus validus*. Por ejemplo, Le Viet Dung (2015) demostró la superioridad del Vetiver comparado con el Jacinto de agua para tratar Demanda Biológica de Oxígeno (DBO), pH y altas concentraciones de nutrientes. Mientras que el Vetiver continuó creciendo vigorosamente, el Jacinto de agua murió 8 días después en las aguas residuales de la granja de cerdos, que tenían una DBO relativamente alta. Los resultados muestran que el Vetiver redujo significativamente el nivel de la DBO en un 40% (de 245.80mg/L a 146,37mg/L) después de 32 días de tratamiento, mientras que la reducción alcanzada por el Jacinto de agua y el testigo de control fue del 21% y el 19% respectivamente. Xia (1997) también descubrió que todos los Jacintos murieron a una DBO de 120.8mg/L.

3.3. Características agronómicas

3.3.1. Alta producción de biomasa

El Vetiver tiene tanto un rápido régimen de crecimiento así como una alta producción de biomasa, ambos factores importantes para determinar su gran potencial para la fitoremediación. El Vetiver es una planta C_4 que posee un alto régimen fotosintético en condiciones de alta intensidad de luz y altas temperaturas, debido a que se incrementa la eficiencia del ciclo de la reducción fotosintética del carbono (Hatch, 1987).

Consecuentemente, tiene un alto régimen de crecimiento, como lo indica su alto índice de uso eficiente de radiación (RUE por sus siglas en inglés) de 18 kg ha^{-1} por MJ m^{-1} (Vieritz et al., 2003). El RUE del Vetiver es comparable al de otras gramíneas C$_4$ con alta producción de biomasa como el maíz (*Zea mays* L.), la caña de azúcar (*Saccharum officinarum*) que producen 16 y 18 kg ha^{-1} por MJ m^{-1}, respectivamente (Muchow et al., 1990; Inman-Bamber, 1974), valores mas altos que el RUE de gramíneas C$_3$ como el *Cynodon dactylon*: 5.3 kg ha^{-1} por MJ m^{-1} (Burton and Hanna, 1985). El alto régimen de crecimiento del Vetiver tiene como consecuencia una alta producción de biomasa, de aproximadamente 100 toneladas de materia seca ha^{-1} por año^{-1} bajo las condiciones de temperatura y humedad del trópico (Truong, 2003). Se demostró que la producción de biomasa del Vetiver es mayor que el de pasturas tropicales y subtropicales (Figura 11). En clima subtropical el pasto Vetiver todavía produce una relativamente alta cantidad de biomasa de 10 a 20 toneladas por hectárea después de 5 a 6 meses de cultivo (Shu et al., 2004; Yang et al., 2003), debido al hecho que en el Vetiver se mantiene una alta actividad de las enzimas clave involucradas en la fotosíntesis (NADP-MDH and NADP-MET) en condiciones de clima templado (Bertea and Camusso, 2002).

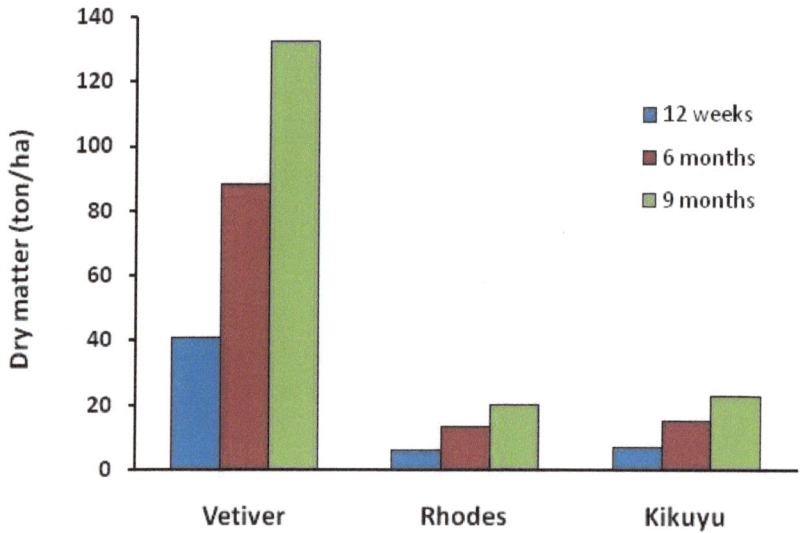

Figura 11. Cosecha potencial de materia seca de tres pastos a lo largo del tiempo

3.3.2. Mínima competencia por la humedad y nutrientes

Como puede verse en la in Figura 1, la mayoría de las raíces del Vetiver crecen verticalmente, especialmente en los primeros 30 a 40 cm de profundidad, generando así una mínima competencia por la humedad y los nutrientes en los cultivos asociados. Incluso en la profundidad, la expansión horizontal de las raíces laterales estuvo en un rango de entre 15 y 29 cms, con un promedio de 23 cms (Mickovski et al., 2005). De igual forma, las raíces del Vetiver se extendieron aproximadamente a 25 cms de ancho en el estudio de Nix et al. (2006). Por lo tanto, el Vetiver se ha utilizado ampliamente como rompevientos en cultivos de hortalizas en China, en huertos de árboles frutales en Australia, cultivo asociado con el frijol mungo en India y hasta a 15 cms de distancia de en huertas de vegetales Senegal (C.Juliard, pers.com).

3.3.3. Fuerte asociación simbiótica con microorganismos en la rizósfera

El Vetiver puede sobrevivir en suelos muy pobres, particularmente con bajo contenido de materia orgánica, nitrógeno y fósforo, debido al hecho de que puede establecer una fuerte asociación simbiótica con una amplia gama de microorganismos en la rizósfera (Siripin, 2000; Monteiro et al., 2009; Leaungvutiviroj et al., 2010). Estos microorganismos proporcionan nitrógeno (con bacterias fijadoras de N), fósforo (con bacterias solubilizadoras de fosfatos, bacterias y hongos, mycorrizas y hongos celulolíticos) y hormonas de crecimiento de las plantas (con bacterias reguladoras del crecimiento) para el desarrollo del Vetiver. Hasta el 40% del contenido del nitrógeno en el Vetiver se obtuvo a través de la asociación simbiótica de su sistema radicular con 35 tipos de bacterias fijadoras de nitrógeno (Siripin, 2000). Un gran número de cepas bacterianas responsables de la fijación del nitrógeno fue encontrado en la rizósfera del Vetiver (48 cepas), de la producción de ácido indoleacético (46 cepas) y solubilizantes de fosfatos (49 cepas) , de las cuales se determinó que 25 cepas bacterianas están involucradas en el crecimiento vegetal (Monteirio et al., 2009). Adicionalmente, el Vetiver también mejora la calidad del suelo en términos de sus propiedades nutricionales, biológicas y físicas a través de su asociación simbiótica con los microorganismos del suelo (Materechera, 2010; Leaungvutiviroj et al., 2010). Particularmente, bajo la presión de condiciones hostiles como las que se presentan en suelos contaminados con metales pesados, el cultivo de Vetiver puede incrementar la población de microorganismos.

3.3.4. Alta resistencia a plagas

A la fecha, no existen reportes significativos relacionados con enfermedades o plagas en el pasto Vetiver en el mundo (Danh et al., 2012), pero es susceptible al daño causado por la *Curvularia trifolii* (http://plants.usda.gov/plantguide/pdf/pg_chzi.pdf). Sin embrago, hay reportes ocasionales de infestación del hongo *Fusarium en* Colombia y Papua (Indonesia), cigarras in Neva Zelandia, gusano barrenador (*Chilo spp*) en una plantación cercana a un campo de arroz en Vietnam, gusano cogollero en una plantación cercana a un campo de caña de azúcar en Australia, e insectos Hemiptera chupadores en Venezuela.

3.3.5. Control de plagas

Plantar Vetiver con propósitos de protección ambiental, también funciona como medida de control de plagas para los cultivos vecinos- un beneficio adicional para el medio ambiente. Una técnica de Manejo Integral de Plagas conocida como "sistema jalar-empujar" en base al uso del Vetiver, se desarrolló por primera vez en Sudáfrica como protección a los insectos (Berg, 2006). Tanto en estudios de laboratorio como en invernadero, las palomillas del gusano barrenador, *Chilo partellus,* prefirieron poner sus huevecillos en las hojas del Vetiver en lugar del maíz. Estudios de seguimiento bajo condiciones de invernadero y el campo mostraron que la sobrevivencia de las larvas de *C. partellus* fue extremadamente baja. Con este sistema, el pasto Vetiver es usado como un cultivo trampa para atraer al barrenador intercalándolo con el cultivo del maíz. Este resultado también puede aplicarse en cultivos de caña de azúcar y arroz (Figura 12). El número de insectos benéficos encontrados en el Vetiver fue mucho mayor que los encontrados en el maíz tanto en el invierno como en el verano. El Vetiver también se ha utilizado exitosamente para proteger cultivos y árboles frutales de la infestación de nemátodos en Australia, Senegal y Tailandia.

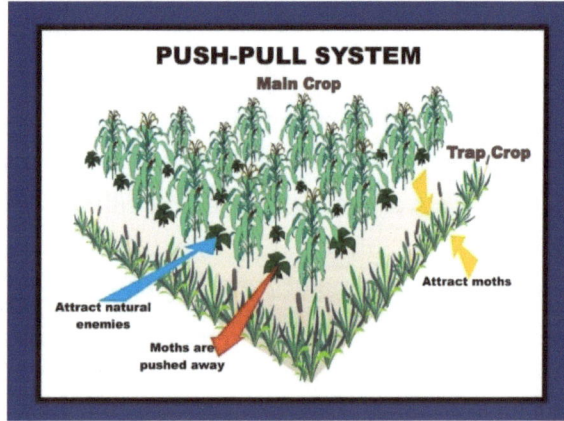 

Figura 12. Sistema "empujar-jalar" para control de plagas y siembra de Vetiver para proteger un cultivo de maíz en Africa.

En Brasil, una compañía vitivinícola utilizó Vetiver como arrope para conservar suelos y agua en sus viñedos ubicados en terrenos muy inclinados en el estado de Minas Gerais. Se observó que las viñas y uvas eran mas sanas y que la aplicación de insecticida se redujo significativamente al estar protegidos de esta forma de las plagas (Figura 13).

Figura 13. Arrope de Vetiver en viñedos en Brasil, protegiendo las uvas de las plagas de insectos (A.Pereira pers.com.)

3.4. Otras características importantes

3.4.1. Vetiver es estéril y no invasivo

La posibilidad que el pasto Vetiver se convierta en una hierba invasiva es muy baja, debido al hecho de que la variedad utilizada con fines de protección ambiental ha sido deliberadamente seleccionada de campos del sur de la India, donde producen flores pero no semillas, y no tiene ni estolones ni rizomas. (Danh et al., 2012). Hay muchos ejemplos que ilustran el bajo potencial invasivo del Vetiver en el mundo. El Vetiver fue introducido originalmente en Fiji desde la India, como material para techos hace mas de 100 años, y posteriormente ha sido utilizado ampliamente con propósitos de conservación por la industria del azúcar, durante mas de 50 años. Sin embargo, no se han observado casos de invasión del pasto (Truong and Creighton, 1994). Adicionalmente, un estudio realizado en Australia por 8 años indica que el Vetiver es estéril bajo diversas condiciones de cultivo (Truong, 2002).

Generalmente, las variedades cultivadas en el sur de India tienen sistemas radiculares grandes y fuertes. Estas variedades tienden a ser poliploidales, muestran un alto grado de esterilidad y no son consideradas invasivas. Las variedades del norte de la India, nativas de las cuencas hidrológicas del Ganges y el Indus, son silvestres y tienen un sistema radicular mas débil. Estas variedades son diploides y se consideran hierbas, aunque no necesariamente invasivas. Estas variedades del norte de India no son recomendadas por la Red Internacional de Vetiver (The Vetiver Network International). También debe notarse que la mayoría de las investigaciones sobre los diferentes usos y aplicaciones de campo han sido basadas en las variedades del sur de India, que están cercanamente relacionadas (tienen el mismo genotipo), como son las variedades Monto y Sunshine. Estudios de

DNA confirman que aproximadamente el 60% del Vetiver utilizado para bioingeniería y fitoremediación en países tropicales y subtropicales pertenecen al genotipo Monto/Sunshine (Adam and Dafforn, 1997).

Recientemente, bajo una evaluación estricta para definir su potencial de invasividad - Pacific Island Ecosystems at Risk (http://www.Vetiver.org/USA_PIER.htm), el Vetiver fue clasificado como Bajo Riesgo, con una calificación de -8. Consecuentemente, la Guía de Plantas para las Islas del Pacífico de los EU publicada por el departamento de Agricultura de los EU- y el Servicio de Conservación de Recursos Nacionales, recomiendan en uso de las variedades Monto y Sunshine types para fines de conservación de agua y suelos. (http://plants.usda.gov/plantguide/pdf/pg_chzi.pdf).

3.4.2. Larga vida

Finalmente, otra característica especial del Vetiver apropiada para el tratamiento de largo plazo de suelos y aguas contaminadas, es su largo periodo de vida, por lo que se utiliza comúnmente para demarcar los linderos de propiedades rurales y granjas en India, y en un caso hasta por 150 años en Vanuatu (Don Miller, pers.com). Por lo tanto, después de haberse establecido crecerá y se desarrollará con un mantenimiento adecuado por un largo periodo, hasta que la fitoremediación haya sido lograda sin tener que realizar ninguna plantación adicional.

IV. MODELOS DE COMPUTADORA APLICADOS PARA EL TRATAMIENTO DE AGUAS RESIDUALES CON EL PASTO VETIVER

El Vetiver es muy efectivo para el tratamiento de aguas residuales domésticas, municipales e industriales gracias a sus cualidades extraordinarias, como su alto nivel de tolerancia y absorción de contaminantes y un muy alto régimen de uso del agua en condiciones de humedal (Danh et al, 2009). Pero mas importante que todo es su capacidad para producir una gran cantidad de biomasa bajo un amplio rango de condiciones climáticas y condiciones adversas de suelos. Debido al hecho que la capacidad del pasto Vetiver para remover contaminantes y agua del medio donde crece depende solamente de su producción de biomasa, mientras mas rápida y mayor sea la producción de biomasa, mas rápido y efectivo será el proceso de tratamiento. Por lo tanto, si se puede calcular la producción potencial de biomasa en un lugar determinado, se puede predecir la eficiencia del tratamiento y consecuentemente, se puede definir el área que se necesita con razonable precisión (Truong et al. 2008)

El uso de modelos de computadora es en la actualidad un procedimiento aceptado para cualquier programa de manejo de efluentes. Durante el diseño preliminar de un sistema de irrigación en tierras áridas, una consideración esencial es el cálculo de la superficie de tierra que puede ser regado por una cantidad específica de aguas residuales. El método mas eficiente para determinar la superficie requerida de tierra, es simular un modelo de disposición de aguas residuales para el sitio espcífico.

En Australia, el "Modelo de disposición de efluentes para irrigación de tierras" (MEDLI por sus siglas en inglés) es ampliamente utilizado por la Agencia de Protección Ambiental de Queensland como el modelo general para el manejo de aguas residuales industriales y municipales (Truong et al. 2003; Vieritz et al, 2003). Sin embargo a la fecha, la aplicación del MEDLI en la Australia tropical y subtropical ha sido restringido a ciertas especies de cultivos y pasturas que tienen una mucho menor capacidad de remediación que el pasto Vetiver. Apenas recientemente se han diseñado aplicaciones para el pasto Vetiver usando el MEDLI, y han resultado en grandes ahorros en costos tanto de implementación como de operación. Por ejemplo, como resultado de una simulación del MEDLI, la superficie mínima de tierra para eliminar toda el agua residual de una planta de procesamiento de alimentos en Queensland (un volumen total de 475 ML por año^{-1}, con concentraciones de N y P de 300 y 1 mg L^{-1}, respectivamente) es 72.5, 104 y 153 has sembradas con pasto Vetiver, kikuyu *(Pennesitum clandestinum)* y Rhodes *(Chloris guyana)*, respectivamente (Truong and Smeal, 2003).

La aplicación del MEDLI se limita al manejo de aguas residuales industriales y municipales de gran escala. Adicionalmente, se basa en el cultivo de diversas especies de plantas y pasturas y no es aplicable al uso mas simple o de menor escala del pasto Vetiver. Por lo tanto, se necesitaba un modelo que pudiera aplicarse en sitios donde el MEDLI no se puede usar. Como resultado, la empresa Veticon Consulting desarrolló un modelo de "Eliminación de Efluentes por Irrigación de Vetiver" (Effluent Disposal by Vetiver Irrigation o EDVI) para sitios en los que MEDLI no puede aplicarse. El EDVI se basa en algunos componentes de MEDLI y en la actualización del Modelo de Balance de Agua de Australia ("Australia Water Balance Model"), que es similar a los usados en Europa y Estados Unidos. El EDVI fue diseñado exclusivamente para el pasto Vetiver, utilizando información producto de amplias investigaciones sobre la efectividad y capacidad del pasto Vetiver para tratar efluentes y lixiviados en los últimos 20 años. Los principales parámetros del EVDI que fueron necesarios para desarrollar el modelo incluyen estadísticas de mediciones climatológicas precisas de largo plazo (50 a 100 años), tipo y profundidad de suelos, nivel friático, datos precisos de la cantidad y calidad de las aguas residuales y los límites establecidos por las autoridades ambientales para las descargas de agua (Truong and Truong, 2013).

Mientras que la utilización del Sistema Vetiver en proyectos de gran escala continúa extendiéndose por todo el mundo, existe una creciente necesidad para usarlo en proyectos de pequeña escala para tratar bajos volúmenes de aguas residuales domésticas y comunitarias, tanto en países desarrollados como en vías de desarrollo. Actualmente, todos los proyectos de tratamiento de aguas residuales a pequeña escala que utilizan el pasto Vetiver se basan en la experiencia directa y en el método de prueba y error. Para superar esta situación, es necesario un modelo con bases científicas para convencer a las autoridades de su efectividad y exactitud. Es evidente que para aplicaciones de pequeña escala, que producen efluentes de bajo volumen, no hay acceso fácil o no existen parámetros precisos y de largo plazo, y por lo tanto es muy difícil determinar con exactitud la superficie de tierra requerida para el tratamiento. Para responder a esta necesidad, se desarrolló el método "Eliminación de Efluentes por Irrigación de Vetiver " para volúmenes pequeños (EDVI-2) específicamente para tratar descargas de drenaje de pequeña escala de casas y pequeñas comunidades, bajos volúmenes de lixiviados de rellenos sanitarios alrededor del mundo y aguas residuales industriales de pequeñas fabricas o industrias, tales como cooperativas de productores de café en Latinoamérica y otras partes del mundo (Truong and Truong, 2013).

V. PREVENCIÓN Y TRATAMIENTO DE AGUAS CONTAMINADAS

En general, la Tecnología del Sistema Vetiver (TSV) trata las aguas residuales con los siguientes métodos:

1. Irrigación de cultivos por:
   - Riego "rodado"
   - Riego por aspersión

2. Humedales construidos:
   - Humedales temporales en el terreno
   - Humedales construidos sobre la superficie

3. Hidropónicos: pontones o plataformas flotantes

4. Humedales naturales

Técnicamente hablando, ésta tecnología conjuga diversas disciplinas, como la ingeniería, hidráulica, hidrología, microbiología, fisiología vegetal y morfología, ciencias del suelo, agronomía, química y ciencias de computación para programación y elaboración de modelos. Los siguientes son estudios de caso de aplicaciones del Vetiver para el tratamiento descargas de aguas domésticas e industriales contaminadas en diferentes partes del mundo:

5.1. Tratamiento de un efluente de drenaje

5.1.1. Eliminación de un efluente de drenaje doméstico

La primera aplicación de la TSV para el manejo de efluentes se llevó a cabo en Australia en 1996, para el tratamiento de una descarga de drenaje de un conjunto de sanitarios en un parque. Con el cultivo de aproximadamente 100 plantas de Vetiver en un área de menos de 50 m^2, el agua residual se secó completamente (Figura 14), mientras otras plantas utilizadas, tales como pastos tropicales de crecimiento rápido y árboles, o cultivos como la caña de azúcar y los plátanos no funcionaron (Truong y Hart, 2001).

Figura 14. Después de 6 meses de cultivo, 100 plantas de Vetiver absorbieron todas las descargas de un conjunto de sanitarios.

El monitoreo de las aguas subterráneas del cultivo de Vetiver (tomado a 2 m de profundidad) mostró que después de pasar a través de 5 surcos de Vetiver, los niveles totales de N se redujeron un 99% (de 93 a 0.7 mg por L^1), el P total por 85% (de 1.3 a 0.2 mg L^{-1}), y los coliformes fecales un 95% (de 500 a 23 organismos en 100 mL). Estos niveles están muy por debajo de los límites máximos autorizados por la Autoridad

Ambiental de Australia, que son N total < 10 mg L^{-1}; P total < 1 mg L^{-1} y *E. coli* < 100 organismos en 100 mL (Figura; 15).

Efectividad del Vetiver para reducir N en drenajes domésticos

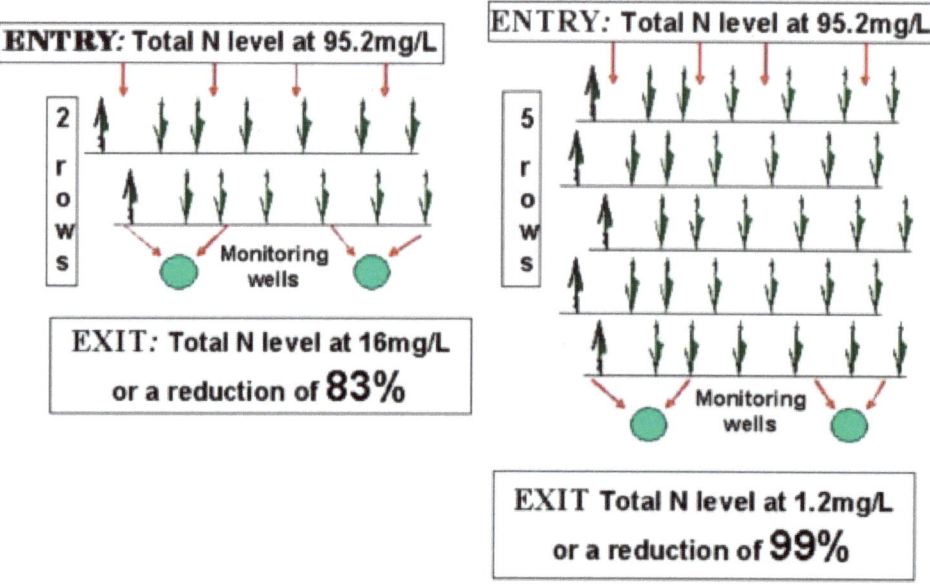

Efectividad del Vetiver para reducir P en drenajes domésticos

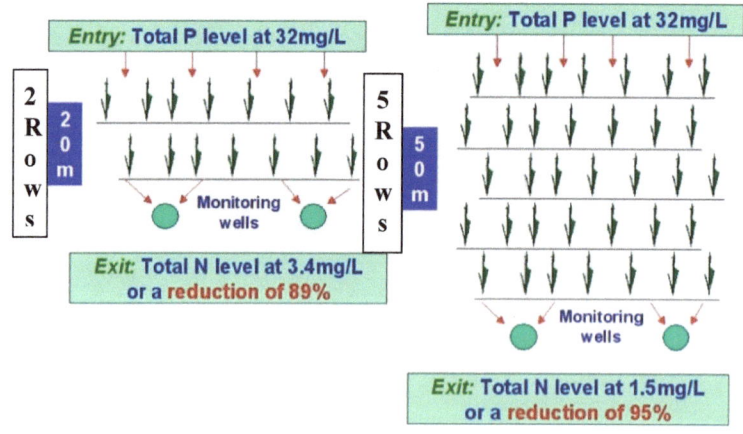

Figura 15. Alta efectividad para remover Nitrógeno y Fósforo.

En Tailandia, estudios comparativos del crecimiento del Vetiver en aguas residuales domésticas en la comunidad del departamento Real de Irrigación revelaron que diferentes variedades exhiben diferentes características de crecimiento y adaptabilidad. La variedad Surat Thani mostró la mayor capacidad (en porcentaje) para reducir: nitrato (49.33), bicarbonato (42.66), conductividad eléctrica (5.81), y sólidos solubles totales (82.78), mientras que la variedad Monto mostró la mayor capacidad para reducir: demanda biológica de oxígeno (75.28), N total (92.48), K (14.00), y Na (3.14). Se descubrió que la

Figura 16. Sistema Vetiver para el tratamiento de drenaje doméstico, Indonesia.

eficiencia del tratamiento se incrementa con la edad del pasto Vetiver, alcanzando su máximo rendimiento a los 3 meses de edad (Chomchalow, 2006).

Recientemente, el uso del pasto Vetiver para tratar aguas residuales domésticas fue ampliamente demostrado en la provincia de Acech, Indonesia, donde la Cruz Roja estadounidense y la Cruz Roja Danesa construyeron mas de 3000 casas para reubicar a las víctimas del tsunami del 2001. Cada una de estas casas tiene un sistema de manejo de efluentes de drenaje basado en el Vetiver (Figura 16). Unidades de manejo similares han sido usadas en Australia (Figura 17), India, Indonesia, Marruecos y Papua, Nueva Guinea.

Figura 17. Sistema Vetiver para el tratamiento de drenaje doméstico en Australia.

La letrina Vetiver ha sido desarrollada recientemente simplemente plantando Vetiver alrededor de una pequeño registro de concreto colocado sobre una fosa (Lee, 2013). En lugar de ladrillos y mezcla, las largas raíces del Vetiver estabilizan las paredes de la fosa y retiran los contaminantes ambientales. Arriba de la superficie, las hojas del pasto proporcionan una barrera alta y ancha a prueba de tormentas. El diseño es suficientemente simple para que los propios habitantes de la casa lo construyan con una capacitación básica. Una vez que la letrina se llene, el registro de concreto y las plantas se pueden llevar a la ubicación de la siguiente letrina.

La letrina es accesible hasta para las familias mas pobres. Una letrina Vetiver cuesta aproximadamente una vigésima parte de una letrina convencional, porque no es necesario comprar ni transportar una gran cantidad de ladrillos ni materiales de construcción a lugares remotos para la fosa ni la caseta, ni se necesita mano de obra especializada para su construcción (Figura 18).

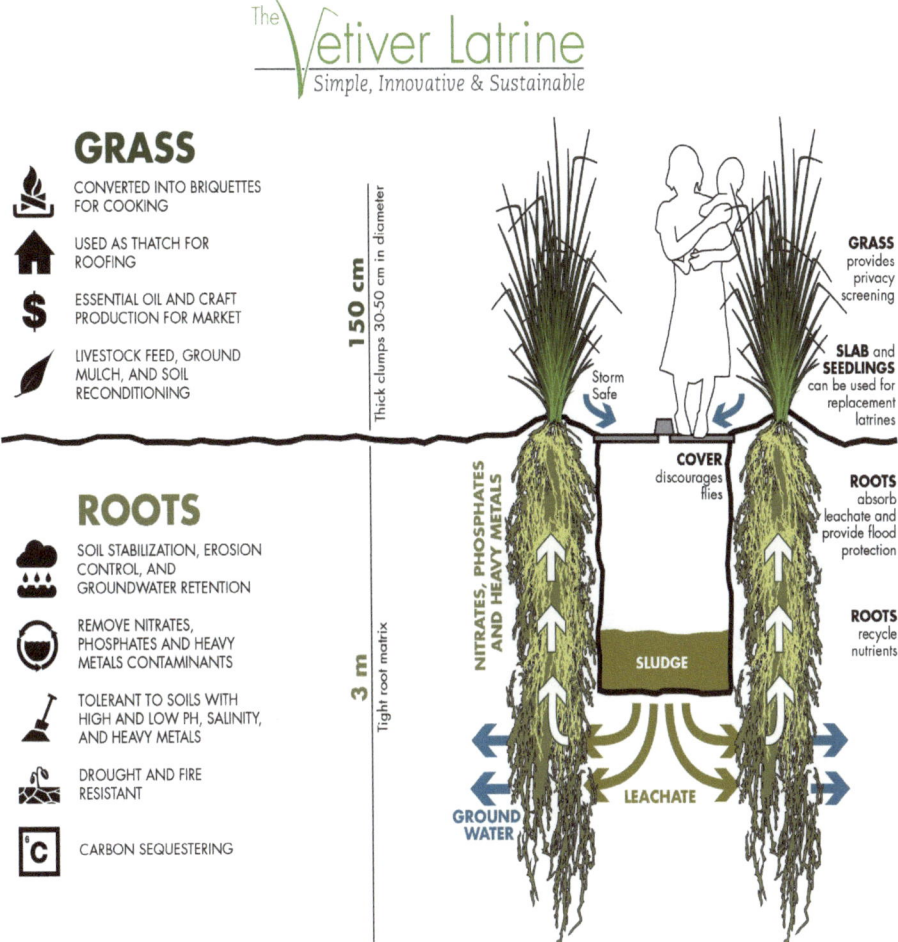

Figura 18. Diseño de letrina Vetiver. Fuente: Lee, 2013.

5.1.2. Manejo de un efluente de drenaje comunitario

Watt Bridge es el nombre de un pequeño aeródromo recreativo en Queensland, Australia. Se plantó Vetiver en un área de 100 m² (400 plantas sembradas en 8 hileras de 10 m de largo cada una, con 1 m de distancia entre hileras y 5 plantas space of 1 m y 5 plantas por m^{-1}) para tratar un pequeño efluente de drenaje (Figura 19), con los resultados que se muestran en la Tabla 5.

Figura 19. Excelente crecimiento después de doce meses de cultivo (arriba), creciendo mas de dos metros (abajo, izquierda) y cortado cada tres meses a 50 cms de altura (abajo, derecha).

Tabla 5. Calidad del agua antes y después del tratamiento del Vetiver en Watt Bridge.

Variables	Entrada	Salida	Reducción (%)
Flujo diario promedio (L)	1670	Casi nula	Casi el 100
N total promedio (mg/L)	68	0.13	Casi el 100
P total promedio (mg/L)	10.6	0.152	Casi el 100
Coliformes fecales promedio	>8000	10	Casi el 100

Aproximadamente 400 plantas de Vetiver se sembraron en 8 hileras para tratar el efluente de drenaje de una bodega de almacenamiento en Refilwein, Sudáfrica. Las plantas jóvenes se regaron cada tercer día durante las primeras tres semanas. Por los siguientes dos meses recibieron un riego semanal del efluente bombeado desde el estanque de almacenamiento. Después de un año de sembrado hubo una gran diferencia en tamaño. (Figura 20).

Un año después de sembrado, se cavaron hoyos para verificar el nivel de agua y las concentraciones de *E. coli*. Los hoyos estaban secos. Se puede deducir por esto que el Vetiver eliminó por completo el efluente. La falta de toda humedad residual puede significar una ausencia de cualquier material patógeno que haya pasado por las raíces del pasto Vetiver (Roley Noffke, pers.com).

Figura 20. Plantación de Vetiver en Refilwe (izq) y un año después (der).

Un pequeño humedal construido fue instalado con el fin de tratar 30 000 lts de drenaje doméstico por día en una comunidad de 300 habitantes en Tangier, Marruecos, en la costa del mediterraneo (Etienne Richards, pers.com). El efluente salía de una fosa séptica con una capacidad de 20 000 lts.

Figura 21. Establecimiento de Vetiver después de un mes de sembrado en el contenedor de concreto.

Debido a la falta de espacio en el área urbana, el sistema consistía en un contenedor de concreto con una superficie de 100 m² y 1 m de profundidad, con un dren de descarga en el fondo para recolectar muestras para análisis (Figura 21). El Vetiver se plantó en una densidad de 5 plantas por m^{-2} (500 plantas en total). Un mes después de la siembra, aún cuando no estaban todavía maduras, los resultados siguientes muestran la efectividad del Vetiver para remover los nutrientes del efluente (Tabla 6).

Es importante hacer notar que los niveles legales máximos para aguas tratadas para la irrigación son: DBO < 120 mg/l; DQO < 250 mg/l. Por lo tanto esta agua reciclada puede ser utilizada para riego en la población.

Tabla 6. Calidad del agua antes y después del tratamiento con Vetiver.

Variables	Entrada	Salida	Reducción (%)
DQO (mg/L)	562	14	97.5
DBO$_{5DIAS}$ (mg/L)		<10	
Total N (mg/L)	91	2	97.8
Total P (mg/L)	8.41	0.141	98.3

El Hotel Palmavira, cerca de Marrakesh, Marruecos, tiene un humedal inservible plantado con Typha. Para resolver el incremento del volumen de aguas residuales de una nueva ampliación, el hotel invirtió para mejorar su planta de tratamiento plantando Vetiver en lugar de Typha (Figura 22).

Figura 22. El humedal inservible usando Typha (izquierda) y las nuevas camas de cultivo listas para la siembra de Vetiver (derecha).

5.1.3. Tratamiento de aguas residuales municipales

5.1.3.1. Aplicaciones de pequeña escala

La planta de tratamiento para Toogoolawah, un pequeño pueblo en el subtrópico de Australia, se construyó en los años 70. La planta se construyó con una sedimentación primaria (tanque Imhoff) seguido de tres estanques de almacenamiento del drenaje. El efluente de los estanques estaba diseñado para fluir a un humedal pantanoso y rebosar después a un arroyo local. La construcción de la planta estaba basada en un diseño muy simple pero efectivo. Cambios en la legislación impuestos por la Agencia de Protección Ambiental ocasionaron que la planta de tratamiento no cumpliera con la norma y por lo tanto fue necesario un rediseño. Se consideraron varias opciones, como un filtro de arena, un filtro de rocas, y plantas de tratamiento para retirar los nutrientes. Estas opciones son caras y requerirían altos costos permanentes de operación. El Consejo consideró entonces un sistema de tratamiento con Vetiver que pudiera absorber la mayor parte del agua, así como los nutrientes, los compuestos orgánicos y los metales pesados del drenaje (Ash and Truong, 2003).

El tratamiento con Vetiver tenía dos componentes (Figura 23):
- Un tratamiento hidropónico en estanques de almacenamiento
- Un humedal estacional

Los resultados del tratamiento a lo largo del periodo 2002 - 2004 se resumen en la Tabla 7.

Figura 23. Tratamiento con Vetiver: hydropónico(arriba) y humedal estacional con un área de 1.5 ha (abajo).

Tabla 7. Calidad del efluente antes y después del tratamiento Vetiver.

Pruebas (requeridas por el permiso)	A la entrada	A la salida
pH (6.5 - 8.5)	7.3 - 8.0	7.6 - 9.2
Oxígeno disuelto (2.0 mg L^{-1} mínimo)	0 - 2	8.1 - 9.2
DBO 5 días (20 - 40 mg L^{-1} máximo)	130 - 300	7 - 11
Sólidos suspendidos (30 - 60 mg L^{-1} máximo)	200 - 500	11 – 16
Nitrógeno Total (6.0 mg L^{-1} máximo)	30 - 80	4.1 - 5.7
Fósforo Total (3.0 mg L^{-1} máximo)	10 - 20	1.4 - 3.3

5.1.3.2. Aplicación de gran escala

El pueblo de Boonah, cerca de Brisbane, necesitaba mejorar su planta de tratamiento para cumplir con la nueva ley de protección ambiental. En un "Reporte de Opciones para la Planificación" se investigaron diferentes alternativas para las obras de mejoramiento. Se realizó un análisis multi factorial y se determinó que un sistema de irrigación para absorber el efluente era la mejor opción considerando el costo y el tiempo. La solución recomendada fue utilizar un área sembrada con pastura, lo que hubiera requerido una superficie de irrigación de entre 50 y 60 hectáreas.

Subsecuentemente, se realizaron investigaciones preliminares de diseño para definir los detalles del sistema de irrigación, entre las que había una opción de utilizar un humedal estacional sembrado con pasto Vetiver Monto como área de descarga. Esta opción proponía una solución que requería una superficie de terreno considerablemente menor comparada con otros sistemas, sería más fácil de implementar y tendría costos operativos mucho más bajos. Todos los sistemas investigados estaban diseñados con la condición de no generar ninguna descarga al arroyo local.

Utilizando un modelo de computadora EDVI, con volúmenes variables entre 400 to 700 mil litros por día, se pronosticó que se requeriría una superficie de entre 10 y 17 has para manejar adecuadamente del total del efluente de descarga. Se desarrolló un plan integral de manejo en base a estos estudios preliminares y se determinó que el área requerida para una eliminación total del efluente podría ser significativamente menor, de 50 a 60 has utilizando pasturas, a de 4 a 5 con pasto Vetiver (Figura 24). Este proyecto fue finalmente implementado con muy significativos ahorros en los costos de construcción y mantenimiento comparado con las otras opciones.

Figura 24. Imagen de satélite de la planta de tratamiento de descarga de drenaje de Boonah basada en la tecnología del pasto Vetiver (arriba). Se aprecian las 4 has sembradas a los 12 meses (foto de enmedio) y a los 18 meses (abajo) de haber sido plantado.

Los resultados a la fecha han sobrepasado las expectativas. A tan solo 15 meses después de la siembra, 4 has de Vetiver han absorbido totalmente entre 500 y 600 mil litros de efluente por día. El monitoreo de las aguas subterráneas mostró que no había ninguna filtración durante los periodos de sequía y muy poca durante las lluvias, y los niveles de nutrientes contaminantes en estas muestras estaban muy por debajo de los establecidos por la norma. El monitoreo de las aguas subterráneas continúa a la fecha.

5.1.3.3. Aplicaciones a escala regional

La cuenca del río Citarum en Indonesia es la principal fuente de suministro de agua para la ciudad capital (Jakarta) y para la cuarta ciudad mas grande de Indonesia (Bandung). La cuenca también se utiliza para el riego de cultivos y las industrias en las planicies del norte de Java, así como para las comunidades que habitan en la cuenca. Sin embargo, el Río Citarum es conocido como el mas contaminado de Asia. Las causas de la contaminación son, además de los desechos industriales, tanto sólidos como líquidos, el tiradero indiscriminado de basura y las descargas no controladas de los efluentes del drenaje y de los lixiviados de los basureros al río, utilizándolo como un drenaje a cielo abierto (Figura 25). El Asian Development Bank (ADB), involucrado en diversos proyectos estratégicos para mejorar la calidad y el funcionamiento de la cuenca del Río Citarum, ha iniciado recientemente un proyecto utilizando Vetiver para mejorar la calidad del agua del río.

Figura 25. El río Citarum está en crisis, ahogado por las descargas domésticas de 9 millones de personas y los desechos industriales de cientos de fábricas.

La estrategia para controlar la contaminación utilizando Vetiver ha consistido en 2 partes que fueron implementadas simultáneamente:

1. *Siembra de Vetiver en las riberas utilizando las aguas contaminadas del río para regarlo (Figura 26).*

Figura 26. Vetiver desarrollándose 6 meses (izquierda) y 12 meses después de la siembra (derecha)

2. *Tratamiento de efluente de drenaje de una letrina comunal (Figura 27 y 28).*

Figura 27. Siembra de Vetiver para el tratamiento de una descarga de drenaje de una letrina comunal.

Figura 28. Crecimiento del Vetiver a los 2 meses (izquierda) y a los 6 meses después de la siembra. (derecha)

Debido a las continuas descargas de contaminantes de las industrias a lo largo del río, no es posible hacer una evaluación cuantitativa del agua, pero las observaciones cualitativas a la fecha indican que el agua ha mejorado significativamente, como la infestación de alga verde- azul que se ha reducido substancialmente y que los peces hayan regresado a algunas secciones del río (Truong and Booth, 2010).

5.2. Tratamiento de Aguas Residuales Indutriales

5.2.1. Tratamiento de aguas residuales de una fábrica de gelatina y un rastro de carne de res

El tratamiento de aguas residuales industriales en Australia está sujeto a estrictas normas dictadas por la Autoridad de Protección Ambiental. El método mas común para tratar las aguas residuales de la industria en Queensland, Australia, es por irrigación terrestre de plantas y pasturas tropicales y subtropicales. Sin embargo, cuando la superficie de tierra disponible para la irrigación es limitada, estas plantas no son suficientemente eficientes para tratar sustentablemente la totalidad de los efluentes producidos por las industrias. Los sistemas existentes usaban especies de pastos que no podían cumplir con los nuevos estándares. Por lo tanto, para cumplir con la normativa actual, la mayoría de las industrias están bajo fuerte presión para mejorar sus procesos de tratamiento utilizando pasto Vetiver como un medio sustentable para tratar las aguas residuales (Smeal et al, 2003). La aplicación del modelo MEDLI para determinar la superficie requerida para sembrar Vetiver para el tratamiento de aguas residuales es una solución práctica y económica. Sin embargo, la utilización del MEDLI se limitaba a un número restringido de cultivos y pasturas tropicales y subtropicales en Australia que no consideraban el Vetiver. Por lo tanto es necesario primero calibrar el modelo para que sea aplicable al pasto Vetiver . Se realizaron una serie de experimentos tanto en macetas como en campo por un periodo de dos años, para recolectar toda la información esencial relacionada con la calibración del Vetiver en la fábrica procesadora de alimentos Gelita Australia, y en el rastro de carne Teys Bros (Smeal, et al. 2003). A partir de estos resultados se adoptó y se utilizó exitosamente el Vetiver para tratar/ eliminar los efluentes generados por la fábrica y el rastro.

Gelita Australia, es una fábrica de gelatina en Queensland, Australia, que extrae gelatina de la piel del ganado usando procesos químicos que involucran ácidos fuertes, cales e hydróxidos. El efluente de 1.3 ML por día es altamente salino (600 mS cm^{-1} en promedio), alcalino y tiene un alto contenido de materia orgánica. El modelo MEDLI de computadora, basado en un efluente anual máximo pronosticado de 584 ML, concentración de N de 300 mg L^{-1} y 121 has disponibles para riego, mostró que el Vetiver requiere la menor cantidad de superficie para la irrigación sustentable tomando en cuenta el volumen del efluente y el Nitrógeno, comparado con otros dos pastos (Table 8). Una reducción de 130 a 80 has para el tratamiento del efluente representaría significativos ahorros en los costos de la fábrica (Truong and Smeal, 2003). En la práctica, se sembró una área de 22.5 has con pasto Vetiver para eliminar 48 ML por mes (Figura 29).

Tabla 8. Superficie requerida por tres pastos para irrigación y eliminación de N

Pastos	Sup requerida p/irrigación(has)	Sup requerida p/ eliminar N (has)
Vetiver	80	70
Kikuyu	114	83
Rhodes	130	130

Figura 29. Vetiver sembrado para la eliminación de las aguas residuales en Gelita Australia (izquierda) y seis meses después de plantado (derecha).

TEYS Bros, un rastro en Queensland, procesa aproximadamente 210 000 cabezas de ganado por año, tanto para consumo doméstico como para la exportación. El efluente generado por el rastro es aproximadamente 1.7 ML por día^{-1}, con N total de 170 mg L^{-1} y 32 mg L^{-1} de P total. Teys Bros tiene un área de 42.3 has que puede ser usada para tratamiento de aguas residuales por medio de irrigación. El efluente se regaba por aspersión o por inundación de pasto Kikuyu en diferentes sitios de la propiedad. Utilizando el modelo MEDLI, los resultados pronosticaron que aproximadamente 1.24 y 0.8 ML por día^{-1} de efluente puede ser irrigado sustentablemente en las 42.3 has de superficie disponible cultivadas con pasto Vetiver y Kikuyu, respectivamente. El resultado indica que la plantación de Vetiver representa una mejoría del 55% sobre el pasto Kikuyu en área de plantación (Truong and Smeal, 2003). Se realizó una prueba experimental en Teys Bros para investigar la efectividad del Vetiver en el tratamiento de las aguas residuales; el resultado de este estudio se presenta en la Tabla 9.

Tabla 9. Efectividad de la plantación del Vetiver en la calidad del efluente filtrado en el rastro Teys Bros

Indicadores	Entrada	Salida (valores en agujeros de monitoreo pendiente abajo de la descarga)	
		20 m	50 m
pH	8.0	6.5	6.3
EC ($\mu S\ cm^{-1}$)	2200	1500	1600
Total Kjel. N ($mg\ L^{-1}$)	170	11.0	10.0
Total N ($mg\ L^{-1}$)	170	17.5	10.6
Total P ($mg\ L^{-1}$)	32	3.4	1.5

5.2.2. Aguas residuales de una granja de producción intensiva de animales

En China, el tratamiento de las aguas residuales de la producción intensiva de animales es uno de los mayores retos en áreas densamente pobladas. China es el mayor productor de puercos del mundo. En 1998, la provincia Guangdong tenía mas de 1600 granjas de puercos, con 130 granjas produciendo mas de 10,000 puercos para venta al año. Estos grandes establecimientos producen de 100 a 150 toneladas de aguas residuales por día, que incluyen excremento de puerco que contiene elevadas cargas de nutrientes. Los nutrientes y los metales pesados de las granjas de puercos son fuentes clave de contaminación del agua. El agua residual de las granjas de puercos contiene muy altos índices de N y P, así como de Cu y Zn, que son usados como promotores de crecimiento en los forrajes. Los humedales se consideran el medio más eficiente para reducir tanto el volumen como las altas cargas de nutrientes en los efluentes de las granjas de puercos. Para determinar las plantas más apropiadas para los sistemas de humedales, se seleccionó al pasto Vetiver junto con otras 11 especies en este programa. Las mejores especies son el Vetiver, *Cyperus alternifolius* y *Cyperus exaltatus*. Sin embargo, estudios mas profundos revelaron que el *Cyperus exaltatus* se marchitaba y entraba en dormancia en el otoño y no renacía sino hasta la primavera. La capacidad de crecer durante todo el año es necesaria para el tratamiento efectivo de las aguas residuales. Por lo tanto, el Vetiver y el *Cyperus alternifolius* fueron las únicas plantas apropiadas para el tratamiento de los efluentes de los cerdos en humedales (Liao et al., 2003). Los resultados de una prueba utilizando Vetiver mostró que tiene una gran capacidad purificadora. La proporción de absorción y purificación de Cu y Zn era >90%; Del N > 75%; del Pb del 30 - 71% y del P entre 15 - 58%. Los efectos purificadores del Vetiver para metales pesados, N y P en elmefluente de la granja de cerdos fueron calificados así: Zn > Cu > As > N > Pb > Hg > P (Liao et al, 2003).

5.2.3. Aguas residuales de una fábrica procesadora de mariscos

En el delta del río Mekong, en Vietnam, una prueba demostrativa se realizó en una planta procesadora de mariscos para determinar el tiempo de tratamiento requerido para retener en efluente en un campo de Vetiver [Tiempo de Retención Hidráulica (TRH)] para reducir las concentraciones de nitrato y fosfato a niveles aceptables (Figura 30). El experimento inició cuando las plantas tenían 3 meses de edad. Se tomaron muestras cada 24 horas durante 3 días. Los resultados analíticos demostraron que el contenido total de N en las aguas residuales (4.79 mg L^{-1}) se redujo en 88% y en 91% después de 48 y 72 horas respectivamente. El P total (0.72 mg L^{-1}) se redujo un 80% y un 82% después de 48 y 72 horas respectivamente. La cantidad de N y P retirado en 48 y 72 horas de tratamiento no mostraron una diferencia significativa (Danh et al., 2006).

Figura 30. Plantación de Vetiver en una planta procesadora de mariscos en el delta del Mekong, Vietnam.

5.2.4. Aguas residuales de una pequeña fábrica de papel

En Vietnam del norte, las aguas residuales descargadas por una pequeña fábrica de papel en la provincia Bac Ninh y por una pequeña fábrica de fertilizantes nitrogenados en la provincia de Bac Giang están altamente contaminadas con nutrientes y químicos. Las fábricas descargan directamente a un pequeño arroyo en el delta del Río Rojo. Instalado en ambos sitios en los estanques de retención, el Vetiver se estableció bien después de dos meses. En general el Vetiver en la fábrica de papel en Bac Ninh está en buen estado, excepto por algunas secciones al lado del agua contaminada, donde muestra signos de toxicidad. Por otro lado, a pesar de las condiciones de alta contaminación, el Vetiver se estableció y se desarrolla bien en la fábrica de fertilizantes de Bac Giang. Excelentes condiciones de crecimiento se han registrado en este sitio de condiciones semi humedas, en las que se espera que el Vetiver reduzca la contaminación significativamente (Figura 31).

Figura 31. Vetiver en Bac Ninh (izquierda) and Bac Giang (derecha).

5.2.5. Agua residual de una fábrica de harina de tapioca

En Tailandia, tres ecotipos de Vetiver (Monto, Sura Thani y Songkhla 2003) se usaron para tratar las aguas residuales de una fábrica de harina de tapioca. Se usaron dos sistemas de tratamiento principalmente: (i) retener las aguas residuales en un humedal de Vetiver por dos semanas y después drenarlo, y (ii) retener las aguas residuales en un humedal sembrado con Vetiver por una semana y después drenarlo continuamente por un total de 3 semanas. Se encontró que en ambos sistemas, el ecotipo Monto tenía el mayor crecimiento de brotes, raíces y biomasa, y era capaz de absorber los mas altos niveles de P, K, Mn y Cu en los brotes y las raíces, Mg, Ca y Fe en la raíz, y Zn y N en el brote. El ecotipo Surat Thani podía absorber los mas altos niveles de Mg en el brote y de Zn en la raíz, mientras que el ecotipo Songkhla podía absorber los mas altos niveles de Ca y Fe en el brote, y N en la raíz (Chomchalow, 2006).

5.2.6. Agua contaminada con Fenol de un tiradero ilegal de residuos industriales

En los últimos años, la descarga ilegal de residuos industriales se ha convertido en un gran problema ambiental en Tailandia. Al menos 6 tiraderos ilegales de fenol fueron descubiertos en los distritos de Nong-Nea y Phanom Sarakham, en la provincia de Chachoengsao. El estanque de Mr Manus Sawasdee, un residente de Nong-Nea, quien es una de las víctimas de la descarga ilegal, fue contaminado con aguas residuales con alto contenido de fenol (500 mg l^{-1} al inicio del incidente), y otras substancias orgánicas peligrosas como hidrocarbonos de petróleo, formaldehído y también metales como, arsénico, cromo, cobre, plomo y nickel. Como el estanque de Mr Manus's está en una alta elevación, el escurrimiento del agua del estanque después de una lluvia llevaría fenol y otras substancias peligrosas a lo largo del arroyo Tad Noi hacia otras fuentes de agua ladera abajo (Phenrat et al., 2015).

La primera aplicación de gran escala utilizando pasto Vetiver para el tratamiento de aguas contaminadas con fenol se realizó sembrando 120 000 raíces para crear un seto de 1.2 kms a lo largo del arroyo Tad Noi el 28 y 29 de agosto del 2014. Similarmente, un tratamiento a escala mayor de aguas residuales descargadas ilegalmente en un estanques de 768 metros cúbicos de Mr Manus, se llevó a cabo usando pasto Vetiver en 45 plataformas flotantes de bambú el 5 de diciembre del 2014. Los resultados preliminares de estos proyectos fueron

Figura 32. Estanque de agua para riego agrícola contaminado con Fenol, y tratamiento con plataformas flotantes de Vetiver.

muy prometedores en términos del tratamiento del fenol, hidrocarbonos del petróleo y remoción de DQO. Este tipo de proyectos de restauración ambiental pueden ser un modelo para mas de 50 comunidades recientemente afectadas por la descarga ilegal en Tailandia (Phenrat et al., 2015) (Figura 32).

5.2.7. Aguas residuales de una fábrica de procesamiento de aceite

En Colombia, la compañía Ecopetrol implementó una prueba piloto para investigar el potencial del Vetiver para remover grasas, aceites y sólidos suspendidos en aguas residuales que eran generadas durante el proceso de producción de aceite. El Vetiver se cultivó en una plataforma flotante de un humedal construido de 6 m x 2 m x 1 m, con el nivel de agua manteniéndose a 60 cms de profundidad y un flujo de 0.24 L por segundo^{-1}. Resultados preliminares obtenidos en el periodo de 32 a 49 días después de la siembra indicaron que el Vetiver en la plataforma flotante puede retirar del 73 al 100% de grasas y aceites y del 29 al 75% de sólidos suspendidos en los rangos de 0.33 a 5.23 y 1.7 a 18 mg L^{-1}, respectivamente. El estudio todavía continúa y se espera que pruebe el comportamiento del sistema y los rangos de remoción de otros parámetros físicos y químicos. A la fecha, los resultados son satisfactorios para el tratamiento de aguas asociadas con la producción de aceites y es el primer experimento práctico utilizando un humedal de Vetiver en Colombia (Triana et al 2010).

5.2.8. Aguas residuales de un molino de palma de aceite

La tecnología del Sistema Vetiver se ha investigado recientemente en Malasia para tratar el efluente de un molino de palma de aceite en un intento por reducir el DBO y el DQO. El efluente es producto del proceso de extracción y purificación del aceite de palma y se caracteriza por una alta DBO$_3$ (350-400 mg L^{-1}) y DQO (790-810 mg L^{-1}) (Darajeh et al., 2014). En este estudio, dos diferentes concentraciones del efluente (alta: sin diluir, baja: diluído 1 parte en 9 partes de agua) fueron tratadas con Vetiver por 2 semanas. Los resultados mostraron que el Vetiver fue capaz de reducir la DBO hasta en 90% en bajas concentraciones y el 60% en la alta concentración, mientras que el control (sin plantas) fue capaz de reducir solamente el 15% de la DBO. La reducción de la DQO fue del 94% en baja concentración y 39% en alta concentración, con solamente un 12% de reducción en el control.

5.2.9. Aguas residuales de una manufacturera de Aluminio

Un estudio piloto se llevó a cabo para probar la conveniencia de utilizar pasto Vetiver para tratar un efluente de Aluminio Du Maroc (una planta manufacturera de Aluminio en Tanger, Marruecos) que está altamente contaminado con Al y metales pesados (Etienne Richards, pers.com.). Después de neutralizar y decantar las sales suspendidas de Al, el efluente fue descargado a un contenedor de arena sembrado con Vetiver con capacidad de filtrar 500 L por día (85 L descargados 6 veces al día). Diez semanas después de sembrado, aún cuando no totalmente maduro, el Vetiver demostró su efectividad para purificar este afluente altamente contaminado, como muestran los siguientes resultados **(E. Richard, Kepwater, Lourdes, France, Pers.com.):**

- Reducción de niveles de DQO y DBO del 98%
- Reducción de niveles de sólidos suspendidos del 99%
- Reducción del nivel de N del 95%
- Reducción del nivel de Fósforo del 97%
- Reducción impresionante de los niveles de metales pesados de un 99.99% (Figuras 33-34).

Figura 33. Unidad de humedal recién sembrada; y después de 6 semanas de crecimiento durante el periodo de prueba.

Figura 34. Calidad del efluente antes y después del tratamiento.

Después de estos excelentes resultados, la compañía instalará una planta de tratamiento con una superficie de 750 m^2 para tratar 200 m^3 de efluente por día. Esto le permitirá reciclar al menos el 75% del total de agua usada en este fábrica.

5.2.10. *Aguas residuales de una compañía de fertilizantes, de una industria de cantera y de un tiradero público*

El potencial del pasto Vetiver para el tratamiento de aguas industriales contaminadas se investigó recientemente por Oku et al. (2015). Este estudio fue realizado en Nigeria Oriental usando tres distintos efluentes, generados por una compañía de mezclado de fertilizantes, una industria de cantera y un tiradero público. En general, los efluentes lixiviados tenían una alta concentración de DQO, DBO, nitrato y fosfato, y una baja concentración de plomo, arsénico, zinc, hierro, cadmio, mecurio, nickel y cobre. El pasto Vetiver creció hidropónicamente por 10 semanas bajo sol directo para permitir que sus brotes y raíces se establecieran totalmente antes del inicio del experimento. El pasto se llevó a los diferentes efluentes, que fueron analizados después de 2, 4 y 6 días de tratamiento. Los resultados del experimento se resumen en la Tabla 10. El Vetiver redujo significativamente las concentraciones de contaminantes de los lixiviados de las diferentes fuentes a lo largo del tiempo. Adicionalmente, el Vetiver demostró tener un efecto neutralizador que puede ajustar el pH de los distintos efluentes a un valor neutro. Se puede concluir que el pasto Vetiver es muy efectivo para tratar un amplio rango de contaminantes en las aguas residuales.

5.2.11. Mezcla de aguas residuales provenientes de un laboratorio y del drenaje

TranTran et al. (2015) investigó la capacidad de fitorremediación del Vetiver en el tratamiento de tres grupos de contaminantes en aguas residuales que contenían materia orgánica, metales pesados y compuestos aromáticos. El efluente del drenaje primero se diluyó con agua de la llave a una proporción volumétrica de 1:1 para alimentar, durante 8 semanas, a dos sistemas de humedales: un pequeño flujo subsuperficial horizontal y un sistema de balsa flotante. Después se mezclaron las aguas residuales del laboratorio con los efluentes del drenaje en una proporción volumétrica de 1:1 y dicha mezcla se vertió hacia ambos sistemas. El tiempo de retención hidráulica (TRH) se controló hasta por 12 horas en los dos sistemas. Los parámetros de calidad de efluentes de drenaje y de aguas residuales de laboratorio se presentan en la Tabla 11. Los resultado en el pequeño flujo subsuperficial horizontal revelaron que aún con la presencia de metales pesados y de compuestos aromáticos, el Vetiver presentó eficiencias de eliminación razonables de aproximadamente 62%, 68.6% y 58.3% para DBO, N y P totales, respectivamente.. Las raíces del Vetiver tuvieron un eliminación sorprendente de metales pesados de 99.2%, 95.8%, 96.2%, y 96.7% de Cr^{+6} (en $K_2Cr_2O_7$), Mn^{2+} ($MnSO_4$), Fe^{2+} ($FeSO_4$), y Cu^{2+} ($CuSO_4$) respectivamente. En cuanto a los compuestos aromáticos, el humedal es responsable de una eficiencia de eliminación del 96.8 % y casi del 100% del fenol y el benceno, respectivamente.

Los resultados muestran tendencias similares en el sistema de humedal de balsa flotante y en el pequeño flujo subsuperficial horizontal. El Vetiver, responsable principalmente por la eliminación de nutrientes y de materia orgánica, presentó una eficiencia de eliminación ligeramente menor que la del humedal de pequeño flujo subsuperficial horizontal. El promedio de los valores de eficiencia de eliminación fueron del 59%, 63.5%, y 53.0% para DBO, N y P totales, respectivamente. Para los metales pesados Cr^{+6} (en $K_2Cr_2O_7$), Mn^{2+} ($MnSO_4$), Fe^{2+} ($FeSO_4$), y Cu^{2+} ($CuSO_4$), la raíz del Vetiver eliminaban menos que en el pequeño flujo subsuperficial horizontal, con un promedio de valores de eliminación de 92.4%, 85.1%, 91.8, y 91.5%, respectivamente.

Tabla 10. Efectos del Vetiver en la eliminación de contaminantes del vertedero público sin tratamiento, de una compañia de fertilizantes y de una compañía de cantera, en el este de Nigeria. Fuente Oku et al., (2015).

Parámetro/ contaminantes	Efulente del vertedero público sin tratamiento				Efluente de la compañia de fertilizantes.				Efluente de la compañia de cantera			
	Nivel de contaminantes después de ciertos días de tratamiento con Vetiver (mg l^{-1})				*Nivel de contaminantes después de ciertos días de tratamiento con Vetiver (mg l^{-1})*				*Nivel de contaminantes después de ciertos días de tratamiento con Vetiver (mg l^{-1})*			
	0	2	4	6	0	2	4	6	0	2	4	6
pH	5.8	6.7	7.3	7.3	6.3	6.5	6.8	7.5	12.8	12.4	8.3	7.2
DBO	153	67.8	50.5	50	41.6	19.6	14.5	11.3	124.3	61.2	54.8	50.5
DQO	151.8	68.5	52.1	47.8	29.8	16	13.3	10.6	119.8	56.5	52.5	50.8
Nitrato	115.6	51.6	47.6	42.9	122.2	58.7	28.4	7.4	120.8	53.8	18.1	5.9
Fosfato	92.9	52.7	41	40.7	55.1	36.5	15.3	12.1	64.7	40.7	10.7	4.6
Cyanide	1.02	0.71	0.09	0.06	nd	nd	nd	nd	Nd	Nd	nd	nd
Plomo	nd	Nd	Nd	nd	nd	nd	nd	nd	0.3	0.26	0.07	0.01
Zinc	0.05	Nd	Nd	nd	0.89	0.38	0.06	0.03	0.18	0.073	nd	nd
Hierro	1.04	0.68	0.06	0.02	0.31	0.37	nd	nd	0.83	0.3	nd	nd
Cobalto	0.1	0.07	Nd	nd	0.09	nd	nd	nd	0.04	0.04	nd	nd
Cadmio	nd	Nd	Nd	nd	0.2	0.07	nd	nd	Nd	Nd	nd	nd
Mercurio	nd	Nd	Nd	nd	Nd	nd	nd	nd	Nd	Nd	nd	nd
Manganesio	0.14	0.05	0.04	0.01	0.2	0.08	0.05	0.04	0.21	0.08	0.06	nd
Arsenico	0.1	0.05	0.05	nd	0.2	0.07	nd	nd	0.2	0.11	nd	nd
Nickel	nd	Nd	Nd	nd	Nd	nd	nd	nd	Nd	Nd	nd	nd
Cobre	nd	Nd	Nd	nd	Nd	nd	nd	nd	Nd	Nd	nd	nd

Nota: nd no detectado

Tabla 11. Análisis de calidad del efluente del drenaje y de las aguas residuales del laboratorio.

Parámetro/contaminantes	Drenaje	Laboratorio	Mezcla
pH	6.2	5.5	6.0 ± 0.2
DBO (mg l^{-1})	420	15	220 ± 12
N Total (mg l^{-1})	65	34	55 ± 3
P Total (mg l^{-1})	10	12	11 ± 2
Cr^{+6} (mg l^{-1})	Nd	9.5	4.5 ± 0.4
Fe^{2+} (mg l^{-1})	Nd	38.5	19.8 ± 0.3
Mn^{2+} (mg l^{-1})	Nd	47.0	24.2 ± 0.6
Cu^{2+} (mg l^{-1})	Nd	35.1	17.6 ± 0.7
Benzeno (mg l^{-1})	Nd	4.3	2.3 ± 0.4
Fenol (mg l^{-1})	Nd	7.8	3.8 ± 0.2

Nota: Nd: no detectado.

5.3. Desecho de lixiviados de rellenos sanitarios

El desecho de los lixiviados de los rellenos sanitarios es de gran preocupación para todas las grandes ciudades, dado que los lixiviados frecuentemente están altamente contaminados con metales pesados, y con contaminantes tanto orgánicos como inorgánicos. Los resultados en Australia, México, Estados Unidos e Irán muestran que el crecimiento del Vetiver no se ve limitado por ésta agua altamente contaminada, pues aún así crece vigorosamente.

5.3.1. Desecho de lixiviados en un relleno sanitario en Australia

El relleno sanitario de Stotts Creek es uno de los principales depósitos de residuos del Condado de Tweed, en New South Wales, Australia. La eliminación de los lixiviados es de gran preocupación para el Condado, dado que el relleno sanitario se ubica próximo a tierras de cultivo. Se necesitaba un sistema de tratamiento que fuera efectivo y de bajo costo, particularmente durante la temporada de verano debido a sus intensas lluvias. Después de cubrirlo con tierra superficial y fértil, se sembró el Vetiver en la superficie del montículo del relleno sanitario y se regó con lixiviados extraídos de pozas de recolección

(Figura 35). Los resultados han sido excelentes. En el segundo año, se registró que el Vetiver tenía 3 metros de altura formando paredes altas y densas. El crecimiento fue tan vigoroso que durante el periodo de sequía, no había suficiente lixiviados en las pozas para irrigar a tanto las nuevas como las antiguas plantaciones de Vetiver. Una siembra de 3.5 ha en 2003 ha eliminado efectivamente 4 millones de litros por mes en el verano y 2 millones de litros al mes en el invierno (Percy y Truong, 2005).

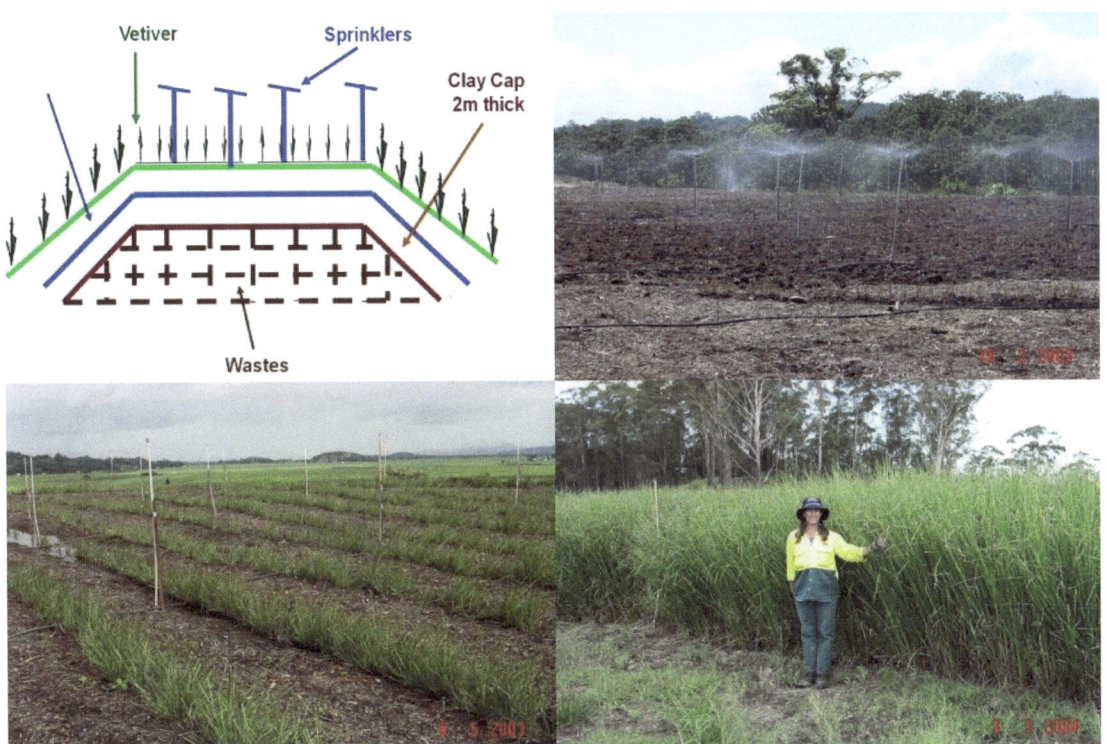

Figura 35. El tratamiento de Vetiver en el montículo del relleno sanitario de Stott Creek: diagrama del corte transversal del montículo (superior izquierda), Vetiver irrigado diariamente con lixiviados (superior derecha), dos meses (inferior izquierda) y doce meses (inferior derecha) después de su plantación.

5.3.2. Deshecho de lixiviados de relleno sanitario en México

PASA, la compañía más grande de manejo de deshechos sólidos en México, actualmente aplica la tecnología de la planta Vetiver para el deshecho de los lixiviados del relleno sanitario, así como para su mitigación y para controlar la erosión en las laderas del relleno. La compañía tiene tres proyectos en operación, uno en León, otro en Poza Rica y otro en Villahermosa. Estos proyectos tienen alrededor de 300,000 plantas de Vetiver en el suelo (Figura 36). PASA también está planeando otros tres proyectos en México y probablemente en Belice. El relleno sanitario de León tiene lixiviados muy fuertes de deshechos domésticos e industriales. Aparte de los 25,000 galones de lixiviados que se producen diariamente, cuentan con una acumulación de 15 millones de galones que aún aguardan tratamiento y que actualmente están almacenados en lagunas. Las instalaciones de Poza Rica utilizan el Vetiver para tres objetivos principales: estabilizar las laderas muy empinadas y con alto riesgo de erosión; utilizar in situ los lixiviados frescos; y el control de fugas de lixiviados. Villahermosa es similar a Poza Rica, pero el diseño y la operación de un sistema efectivo se complicó debido a lluvias extremas que cayeron en esta localidad, ubicada en la costa sur del Golfo de México. (Truong et al, 2012).

Figura 36. Etapa inicial del establecimiento del Vetiver en León (izquierda) y Poza Rica (derecha)

5.3.3. Deshecho de lixiviados de relleno sanitario en Marruecos

Se está construyendo un relleno sanitario muy grande en la Ciudad de Oujda, cerca de la frontera este de Marruecos con Algeria. Se consideraron varias opciones para el deshecho de lixiviados altamente concentrados, producto de la combinación de deshechos domésticos e industriales. Se les recomendó el uso de Vetiver como ahora está siendo implementado. (Figura 37)

Figura 37. Desechos frescos de origen doméstico e industrial en proceso de compactación (izquierda) y el sitio listo para la siembra de Vetiver. (Etienne Richards, pers.com.).

5.3.4. Deshecho de lixiviados de relleno sanitario en Estados Unidos

En Estados Unidos, Leggette, Brashears & Graham, Inc. ha utilizado el álamo híbrido de manera muy exitosa como método para la fitorremediación cerca de St. Louis y de Chicago. Después de aprender acerca del Vetiver, la compañía cambió de utilizar una estrategia basada en árboles a una basada en pasto, utilizando el Vetiver en el relleno sanitario Republic Services Gulf Pines, cerca de Biloxi, Mississippi. El sistema de fitoremediación que utilizó Vetiver se estableció para utlizar hasta 14 millones de litros (3 millones de galones) de lixiviados por año. Fue el primer proyecto de este tipo a tan gran escala en EEUU y en el Hemisferio Oeste que utilizó el Vetiver (Truong et al., 2012). Desde el punto de vista técnico, la iniciativa mezcló diversas disciplinas incluyendo la ingeniería, hidrología, microbiología, fisiología y morfología de las plantas, ciencia del suelo, agronomía, química así como las ciencias computacionales (programación PLC y modelado de la evapo-transpiración. Con una área de más de 3 acres cultivadas con mas de 50,000 plantas de Vetiver (Figura 38), el sistema se ha desempeñado de acuerdo a su diseño, dado que se han utilizado en el sitio mismo el 100% de los lixiviados generados, con resultados mejores de los que se habían anticipado.

Los resultados a las fecha han excedido las expectativas en términos de utilización y ahorro en costos:

- Se han procesado aproximadamente 500,000 galones en los primeros 4 meses, representando más de 1 millón en el primer año.
- Se evitaron costos de transporte y deshecho por la cantidad de $150,000 en el primer año.
- Costos de deshecho de lixiviados Pre-Vetiver = $0.09 gal^{-1}

- Costos de deshecho de lixiviados Post-Vetiver ≤ $0.01 gal^{-1}
- Retorno de capital de la inversión inicial: solamente entre 2 y 3 años
- Se estima un ahorro de $3 millones en los siguientes 30 años

Debido a su desempeño sobresaliente, a este proyecto se le ha otorgado el Premio "2012 Grand Prize – Small project for Excellence in Environmental Engineering" (Gran Premio 2012 - Pequeño proyecto para la excelencia en la ingeniería ambiental) por la Academia Americana de Ingenieros ambientales (http://www.aaee.net/E32012GPSmallProjects.php).

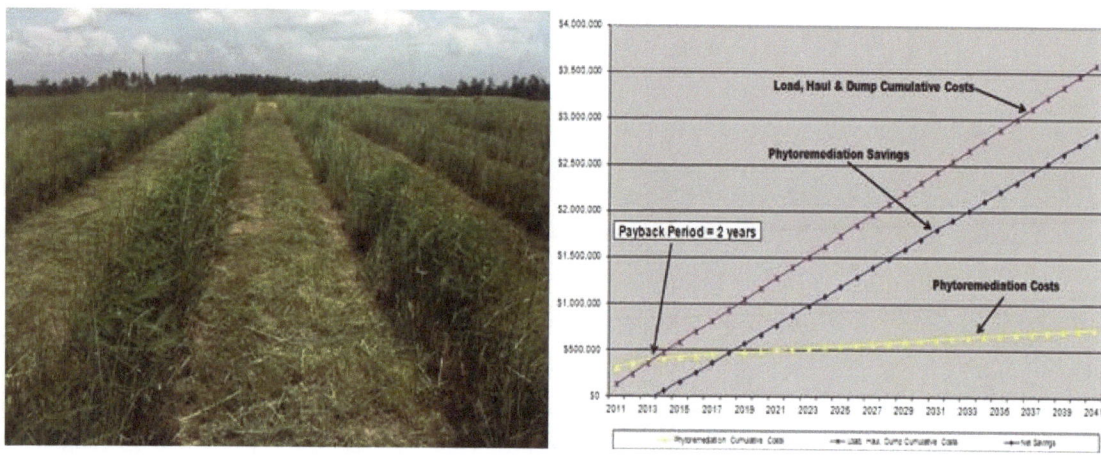

Figura 38. Crecimiento de Vetiver después de 7 semanas (izquierda), la iniciativa reduce mucho los costos y lo hace de manera amigable con el medio ambiente.

5.3.5. Deshecho de lixiviados de relleno sanitario en Iran

Se ha demostrado que el Vetiver sobrevive y se adapta bien a las rigurosas del relleno sanitario ubicado en la ciudad de Shiraz, una de las ciudades más grandes de Irán (Jalalipour et al, 2015). El relleno sanitario tiene un área total de 40 hectáreas. El clima de la zona es semi árido con inviernos moderados y una precipitación promedio anual de 389 mm principalmente en el otoño e invierno. Las temperaturas promedio en los meses más fríos y más calientes oscilan entren 6.7°C y 28.2°C. El potencial de evapo - transpiración es de 5mm por día y de 1,825mm por año. El promedio anual de velocidad del viento es de 200km/h a dos metros de altura (Plan maestro del Shiraz para el manejo de deshechos sólidos, 2009) Se estimaba que el relleno sanitario generaría alrededor de 120m^3 de lixiviados al día durante el 2013. El lixiviado, con un alto contenido orgánico (DBO$_5$, DQO), alta concentración de metales pesados, amoniaco, compuestos tóxicos, contaminación bacterial y de olor desagradable; crea problemas ambientales y de salud, vistas desagradables, y efectos adversos en el agua y el suelo. Para reducir los impactos adversos del lixiviado del relleno sanitario, en el año 2000, se establecieron 20 ha de vegetación verde compuesta por árboles frutales y no frutales. Además, se cultivaron 780 ha de olivos y 100 ha de arboles forestales (eucalipto, pino y ciprés) alrededor del relleno sanitario. Sin embargo, la cubierta verde no logró remediar el lixiviado debido a las condiciones secas del clima, a la alta velocidad del viento y a las características tóxicas del lixiviado. La tecnología de fito - remediación Vetiver, una solución sencilla y económica, se ha probado para controlar la cantidad de lixiviado del relleno sanitario. En una prueba de campo para medir la adaptabilidad del Vetiver en el ambiente del relleno sanitario de Shiraz, se cultivó el Vetiver en aproximadamente 45 m^2 de una célula abierta, completamente cargada de deshechos sólidos y cubierta con 3 - 4 metros de tierra. Los resultados de esta prueba mostraron que el Vetiver se estableció y creció bien y que su crecimiento no se vio afectado por los fuertes vientos, mientras que los olivos (Figura 39) y los eucaliptos sí tuvieron afectaciones adversas. Los resultados de un experimento de invernadero mostraron que el Vetiver puede tolerar riego con 45% de lixiviado. A su vez, la siembra de Vetiver en gran escala ofrece una vista agradable y también es una medida que genera mejoras en el suelo y en el agua. Se puede concluir que el cultivo del pasto Vetiver es la mejor opción para el revestimiento una vez cerrado el relleno sanitario de Shiraz.

Figura 39. Olivos (izquierda) y Vetiver cultivados en el relleno sanitario de Shiraz.

5.4. Control de la filtración del lixiviado de un relleno sanitario municipal

El pasto Vetiver también es muy efectivo para controlar los lixiviados que se filtran por las laderas de un relleno sanitario en Cleveland, Queensland, Australia. La filtración estaba altamente contaminada por Cr, Cd, Cu, Pb y Zn y eventualmente se incorporaba a un riachuelo cercano. Un año después de la siembra del Vetiver, la planta mostró excelente crecimiento que no se vio afectada por los metales pesados que contaminaban el lixiviado y a su vez detuvo completamente la filtración del lixiviado (Figura 40).

Figura 40. Lixiviados después de la lluvia en las laderas de relleno sanitario viejo (arriba), después de un año el Vetiver detuvo por completo la filtración del lixiviado (abajo)

Asimismo, el Vetiver se ha aplicado de manera exitosa para controlar la filtración de lixiviados y para estabilizar el muro de una represa de un relleno sanitario en la provincia de Guangdong, China. El relleno se construyó en un valle con una superficie de 23 ha y actualmente recibe 2500 toneladas de deshecho al día provenientes de la ciudad de Guangzhou. Se construyeron dos muros de tierra que atraviesan el valle, que se hicieron con piedras semi erosionadas y con arcilla, sin embargo no se diseñaron ni construyeron de manera adecuada. Posteriormente se vertía y comprimía la basura de la ciudad en el espacio entre los dos muros. Cuando la basura alcanzó algunos de metros del altura, se recubrió toda la superficie con tierra y con una geo - membrana. Una vez que el espacio se llenó completamente con deshechos, se les agregó altura a los muros para que pudieran recibir mas deshechos. Los muros ahora miden 75m de altura y 100m de largo y están bajo mucha presión ejercida por la gran cantidad de deshechos que contienen y por la maquinaria pesada que trabaja en la capa superficial del basurero. Como consecuencia, una gran cantidad de lixiviados se filtraron a través del muro causando algunos deslizamientos y erosión en las temporadas de lluvia. Han fracasado los esfuerzos que se han realizado para estabilizar el muro, en los que se han utilizando tanto plantas locales como plantas importadas, debido a la naturaleza tóxica del lixiviado. El Vetiver se utilizó en un esfuerzo para estabilizar el muro de la represa y para reducir la filtración. Las condiciones del suelo eran extremadamente hostiles: piedras erosionadas, suelo compactado y bajo en nutrientes. Aun así, el Vetiver se estableció y no sólo logró estabilizar el muro de la represa sino que también secó las filtraciones del lixiviado (Figura 41). El Vetiver creció bien a orillas de depósitos de lixiviados altamente tóxicos mientras que las plantas locales y las importadas no sobrevivían (Percy and Truong, 2003).

Figura 41. Plantación de Vetiver en la ladera de este relleno sanitario viejo en Guangzhou (izquierda), la filtración de lixiviado se detuvo completamente un año después de su siembra (derecha).

5.5. Reducción de elementos tóxicos en agua para riego.

Ugalde Smolcz y Goykoviv Cortés (2015) utilizaron la tecnología de fito - remediación de Vetiver para atender el agua contaminada por boro y por la agricultura en Chile. Los valles de la provincia de Arica Parinacota en el norte de Chile presentan condiciones climáticas sobresalientes que permiten la producción del cultivo durante todo el año. La provincia es la proveedora de verduras frescas en el invierno, tanto para el centro como para el sur de Chile, haciendo que la zona sea una de las claves para la seguridad alimentaria del país.

Sin embargo, los valles están insertados en una región desértica en donde la salinidad, el boro y el arsénico están altamente concentrados en los ríos y en el suelo, restringiendo el desarrollo de la mayor parte de las especies. El propósito de este estudio fue evaluar una estrategia no convencional para la remediación del boro en el agua para riego y del suelo del valle Lluta. El estudio se realizó de la siguiente manera:

- Se examinaron diferentes biomasas de Vetiver en una depósito de 3000L. La eficiencia de remediación fue de 20-23% para la biomasa de 5, 10, 20 y 25 kg y de 36% para el tratamiento de 15 kg. La eficiencia de eliminación fue de 98.4% para plomo, 40% para arsénico y 76% para manganeso. El nivel del boro descendió por 2 mg/L.

- Se estableció un experimento de campo para introducir cuatro nuevos cultivos que se irrigaron con agua tratada con Vetiver. Los rendimientos de cosechas en el valle de Azapa se utilizaron como control dado que este valle no tiene problemas con el boro ni con la salinidad.

- El rendimiento del maíz fue elevado: una mazorca por planta y todo el maíz fue de primera calidad. Este es un resultado muy significativo dado que anteriormente el maíz dulce no se podía cultivar en este valle. La lechuga tuvo un rendimiento de 4 cajas (12 - 14 lechugas) por cada 10 mts lineares. Para el melón, el promedio fue de 3 melones de segunda calidad por cada planta. Para el chile cristal se obtuvieron rendimientos de 70 - 80 frutos de primera clase por planta.

- Se realizó una prueba de suelo que se llevó a cabo en macetas, que se replicó 6 veces y que se irrigó con diferentes concentraciones de boro. Los tratamientos consistieron en: T1: 1 mg/L, T2: 20 mg/L, T3: 50 mg/L, T4: 100 mg/L. Las macetas se regaron durante 3 meses y se muestrearon cada 4 semanas para la realización de pruebas de suelo y de hojas. Los porcentajes de eficiencia en el tercer mes fueron de: T1: 66.3%, T2: 91%, T3: 95%, y T4: 96.5%.

Se concluyó que la tecnología de fito - remediación del Vetiver es una tecnología capaz de remediar la toxicidad del boro, permitiendo la introducción de nuevos cultivos y la mejora de los rendimientos en los valles de la provincia de Arica Parinacota. (Figura 42).

Figura 42. Depósito de irrigación con balsas de Vetiver (izquierda). Maíz dulce de primera calidad (derecha)

VI. Prevención, tratamiento y rehabilitación de desechos mineros y de terrenos contaminados

En Australia y en todo el mundo hay una creciente preocupación por la contaminación que generan los subproductos rurales, industriales y mineros. La mayoría de estos contaminantes implican altos niveles de metales pesados que pueden afectar a la flora, fauna y a los humanos que viven en las áreas, en la vecindad o río abajo de los sitios contaminados. La Tabla 12 muestra los niveles máximos de metales pesados tolerados por las autoridades de salud en Australia y Nueva Zelanda.

Las preocupaciones acerca del esparcimiento de estos contaminantes han resultado en una serie de estrictos lineamientos establecidos para prevenir que aumenten las concentraciones de contaminantes de metales pesados. En algunos casos los proyectos industriales y mineros se detuvieron hasta que se hubieran implementado los métodos adecuados de saneamiento o rehabilitación en el lugar de donde procede la contaminación.

Los métodos que se han utilizado en estas situaciones ha sido tratar los contaminantes de manera química, enterrándolos, o retirándolos del sitio. Estos métodos son costosos y en algunas ocasiones son imposibles de implementar dado que el volumen del material contaminado es muy grande, como en los casos de los relaves del oro y del carbón de las minas.

Si estos deshechos no pueden ser eliminados o tratados de manera económica, se debe prevenir que contaminen fuera del sitio del que originan. La erosión del viento y del agua, así como la lixiviación, suelen ser las principales causas de la contaminación fuera del sitio. Un programa efectivo de control de erosión y de sedimentos puede ser utilizado para rehabilitar dichos sitios. Los métodos vegetativos son los más prácticos y económicos, sin embargo el reverdecimiento de estos sitios suele ser difícil y lento debido a las hostiles condiciones para su crecimiento, que incluyen: altas concentraciones de metales pesados y de contaminantes, condiciones de pH extremas, bajos nutrientes, altos niveles de salinidad, niveles de humedad altos o bajos y la textura del suelo demasiado fina o áspera.

Tabla 12. Umbrales para contaminantes en suelos (ANZ, 1992).

Metales Pesados	Umbral (mg kg^{-1})	
	Ambiental*	Salud*
Antimonio (Sb)	20	-
Arsénico (As)	20	100
Cadmio (Cd)	3	20
Cromo (Cr)	50	-
Cobre (Cu)	60	-
Plomo (Pb)	300	300
Manganeso (Mn)	500	-
Mercurio (Hg)	1	-
Níquel (Ni)	60	-
Estaño (Sn)	50	-
Zinc (Zn)	200	-

*Niveles máximos permitidos que al excederse requieren investigación.

En cuestiones de protección ambiental, unos de los avances más significativos en los últimos 20 años son: el establecimiento de puntos de referencia en cuanto a los niveles de tolerancia del pasto Vetiver en suelos con condiciones adversas y la tolerancia que tiene el Vetiver a determinados niveles de toxicidad debido a la presencia de metales pesados. Esto ha abierto un nuevo campo de aplicación para el Vetiver: el tratamiento de desechos mineros y de paisajes contaminados.

La perturbación del suelo en sitios mineros conllevan inevitablemente a la erosión y a la transportación de arena, limo y partículas de arcilla en los escurrimientos de agua. Esta carga de sedimento tiene el potencial de causar más daños ambientales río abajo. Atrapar y retener el sedimento es un requisito legal en el arrendamiento para la explotación minera.

El principio subyacente detrás del control de sedimentos es para reducir la velocidad de los escurriemientos de agua. Esto genera que las partículas suspendidas del suelo se puedan sedimentar. Las partículas ásperas arenosas más grandes se sedimentarán primero, después las de arena fina, las de limo y finalmente las de arcilla. Algunas partículas de arcilla se pueden quedar en suspensión y sólo se pueden precipitar utilizando químicos como en es el caso del aljez.

Las medidas de control convencional para reducir la velocidad del aguas torrenciales incluyen estructuras ingeniadas como desagües de desvío y trampas de limo, a veces llamados estanques de limo ó estanques para la retención de sedimentos. Para trampas de corto plazo se pueden utilizar las pacas de paja y cercos de malla para limo. En algunos sitios, el agua 'sucia' de las tormentas se filtra canalizándola a través de un humedal. Una serie de pequeñas trampas de sedimentos es más efectiva que una sola trampa grande. La separación del agua 'limpia' de la 'sucia' es un principio importante.

El pasto Vetiver se puede utilizar en casi cualquier situación en la que se requiera control de erosión o de sedimentos. Varios setos se pueden plantar a lo ancho de una barranca en puntos estratégicos. Más abajo en la ladera se pueden sembrar setos que atraviesen el desagüe para incrementar la efectividad de las trampas convencionales de limo. Es más efectivo establecer el Vetiver en doble fila que en filas individuales.

A continuación se muestran algunos estudios de caso en los que se aplica el pasto Vetiver para la re - utilización de deshechos mineros y para remediación de paisajes contaminados en muchas partes del mundo.

6.1. Mina de Oro

El Vetiver se utilizó de manera exitosa en una aplicación a gran escala para el control de las tormentas de polvo y la erosión debida al viento, en una represa de 300 Ha de relave de oro en una mina de oro Kidston en Queensland, Australia. Normalmente, el relave fresco del oro es alcalino (pH 8 - 9), bajo en nutrientes vegetales y muy alto el sulfato libre, (830 mg kg^{-1}), sodio y sulfato total (1-4%). Cuando se seca el relave de oro finamente molido, puede dispersarse fácilmente por las tormentas de viento si no se mantiene protegido por una cobertura. (Figura 43). Dado que el relave de oro frecuentemente se encuentra contaminado de metales pesados, el importante que se controle la erosión generada por el viento para evitar que se contamine el ambiente alrededor de la zona afectada.

El método más usual en Australia para el control de la erosión generada por el viento es a través del establecimiento de una cubierta vegetativa, sin embargo, debido a la naturaleza hostil del relave, la regeneración de la vegetación es muy difícil y ha fracasado en varias ocasiones en las que se ha intentado con especies endémicas. La solución a corto plazo para este problema es sembrar un cultivo de cobertura como el mijo o el sorgo, mientras se protegen los cercos para así promover el establecimiento del cultivo (Figura 44), sin embargo, esta solución no es duradera (Figura 45). El Vetiver puede ofrecer una solución a largo plazo cuando se siembra en hileras dobles espaciadas con entre 10 y 20 metros para reducir la velocidad del viento. A su vez, el establecimiento del Vetiver, comienza a crear un ambiente menos hostil dado que genera sombra y ayuda en la conservación de humedad que permite el establecimiento de los cultivos en un inicio, y que posteriormente posibilita el establecimiento voluntario de las especies locales (Figura 46). El Vetiver se estableció y creció muy bien en el relave sin fertilizantes, pero su crecimiento mejoró con la aplicación de 500 kg ha^{-1} de DAP (Fosfato Diamónico).

Figura 43. Una represa grande típica de relave fresco residual de minas de oro (izquierda), vientos fuertes que causan una tormenta de polvo que contiene altos niveles de metales pesados (derecha).

Figura 44. Una medida convencional incluyó la siembra de un cultivo de cobertura de suelo (izquierda) y la construcción de cercos para controlar la erosión generada por el viento para promover el establecimiento del cultivo (derecha).

Figura 45. A pesar de haberse construido de manera sólida, éstos cercos rígidos y costosos también son vulnerables frente a la alta velocidad del viento.

Figura 46. Los setos flexibles de Vetiver proveyeron un barrera permanente de bajo costo contra el viento que no se vio afectada por lo fuertes vientos y que ofrecieron excelente protección para el establecimiento del cultivo. 2 años después de su siembra (izquierda) y 10 años después de su siembra sin el uso de fertilizantes y sin pastoreo intensivo.

De manera similar, en algunos estudios de caso, el Vetiver también mostró un buen establecimiento en el relave de una antigua mina de oro, Kidston. Dicho relave se caracteriza por ser extremadamente ácido (pH 2.5 – 3.5), con alto contenidos de metales pesados y bajo contenidos de nutrientes.

Tabla 13. Contenidos de metales pesados de relaves mineros representativos en Australia

Metales Pesados	Contenidos Totales (mg Kg^{-1})	[1]Niveles límites (mg Kg^{-1})
Arsénico	1120	20
Cromo	55	50
Cobre	156	60
Manganeso	2 000	500
Plomo	353	300
Estroncio	335	No disponible
Zinc	283	200

Es común que este tipo de relave sea la fuente de contaminantes tanto para el ambiente sobre el nivel del suelo como para el ambiente subterráneo. La Tabla 13 muestra el perfil de metales pesados de los relaves en Australia. Para algunos metales, éstos niveles son tóxicos para el crecimiento de las plantas y también exceden los límites de las investigaciones ambientales (ANZ, 1992).

Aparte, el suelo descubierto es altamente erosionable (Figura 47). Es por ello que la regeneración de la vegetación es muy difícil y normalmente también muy costoso. Las pruebas en campo de Vetiver se llevaron a cabo en dos sitios de relave de oro de 8 años de antiguedad. Uno de ellos se tiene una superficie suave mientras que la otra tiene la superficie endurecida. El sito que tiene la superficie suave tenía un pH de 3.6, sulfato al 0.37% y azufre total de 1.31%. El sitio de superficie endurecida tenía un pH de 2.7, sulfato al 0.85% y azufre total de 3.75%. Ambos sitios tenían bajos niveles de nutrientes vegetales. Los resultados de ambos sitios indicaron que cuando se abastecían de manera adecuada con fertilizantes de nitrógeno y de fósforo, (300 kg ha^{-1} de DAP), se obtenía un crecimiento excelente del Vetiver, en el caso del sitio de superficie suave, sin necesidad de aplicar cal. Pero al agregar 5 t ha^{-1} de cal agrícola mejoró significativamente el crecimiento del Vetiver. Aunque el Vetiver sobrevivió sin la aplicación de cal en el sitio de superficie endurecida, aumentó su crecimiento de manera significativa cuando sí se le agregó cal agrícola, (20 t ha^{-1}) y fertilizante (500 kg ha^{-1} de DAP) (Figura 47).

Figura 47. Superficie de suelo descubierto altamente erosionable del relave de minas antiguas (izquierda). Establecimiento exitoso de Vetiver en sitio con superficie endurecida, atendida con cal agrícola y fertilizantes (derecha)

Al final del 2010, un nuevo desarrollo minero en la mina de oro Toka Tindung en Sulawesi norte, Indonesia, adoptó el Vetiver para la mitigación de los problemas ambientales, incluso antes de que se terminara de construir toda la infraestructura. En enero del 2011, siguiendo las recomendaciones y el diseño realizado por Indonesia

Figura 48. Diseño y aplicación de la tecnología del pasto Vetiver a lo largo de la extensiva infraestructura y del sistema de drenaje. Fuente: www.vetiver.org.

Vetiver Network, (Red Indonesia de Vetiver) se sembraron alrededor de 100,000 plantas de Vetiver, principalmente en ubicaciones vulnerables (Figura 48). La compañía minera también planea involucrar a las comunidades locales proporcionándoles capacitación de sensibilización acerca del Vetiver y ofreciéndoles a los viveros locales plántulas de Vetiver para que posteriormente puedan abastecer la constante necesidad de planta que tiene la compañía minera.

Figura 49. Represa de relave de mina de oro antes (izquierda) y después de tres meses de la siembra de Vetiver (derecha) (Tony Tantum pers.com.).

También se ha establecido de manera exitosa un sistema de Vetiver para la rehabilitación de una represa de relave de una mina de oro en Sudáfrica (Figura 49 y 50). Recientemente también se ha aplicado el Vetiver a la mina de oro Anglo America en Guinea, en África occidental (Figura 51)

Figura 50. La misma represa de relave de mina de oro después de tres años de establecimiento de plantas de Vetiver. (Tony Tantum pers.com.).

Figura 51. Aplicación de Vetiver en la mina de oro Anglo America en Guinea, en África Occidental. Fuente: Noffke, 2013.

6.2. Mina de carbón

6.2.1. Suelo sobre el yacimiento

La minería a cielo abierto normalmente se aplica en donde los depósitos de carbón están cerca de la superficie y como resultado se lastima el ecosistema natural. Durante la minería a cielo abierto, el suelo superficial y los fragmentos de piedra se retiran y se dejan en el paisaje en forma de montículos de vertedero de escombro. Estos montículos ocupan una gran cantidad de suelo, generando la pérdida de uso que se le daba anteriormente y aparte generalmente sufre la pérdida de sus cualidades (Barapanda et al., 2001). Dado que los materiales del escombro generalmente están sueltos, sus pequeñas partículas se vuelven propensas a dispersarse con el viento. Se ha encontrado que la capa superficial de los montículos de vertedero de escombro usualmente muestran deficiencias en los nutrientes principales (Rai et al., 2011). Por lo tanto, la mayor parte de los vertederos de escombro no soportan la regeneración vegetal.

El Vetiver puede crecer bien tanto en vertederos de escombro recientes como en los antiguos, generando una regeneración vegetativa exitosa en ambos. En una mina de carbón a cielo abierto en Queensland, se sembró Vetiver en curvas de nivel para la conservación de la humedad de suelo y para estabilizar los materiales sueltos en la superficie del suelo altamente erosionable, con cualidades alcalinas y con altos niveles de sodio (Figura 52). El Vetiver creció bien y promovió el establecimiento de plantas nativas después de 18 meses de su siembra. Después de 9 años, fue particularmente la superficie del montículo del vertedero que se mantuvo cubierto con Vetiver, árboles endémicos y otros pastos (Figura 53). Ocurrió algo similar en el centro de Queensland en donde había un antiguo vertedero de escombro de mina de carbón que había permanecido yerma durante 50 años. Tras la aplicación del Vetiver, la pendiente del vertedero de escombro que tenía más de 45 se estabilizó para detener la erosión de la barranca y para retener los sedimentos (Figura 54). Subsecuentemente, el Vetiver ha promovido el establecimiento de plantas endémicas y de otras plantas que se sembraron.

Figura 52. El Vetiver creció en las curvas de nivel de las laderas de un vertedero de escombro reciente de una mina de carbón.

Figura 53. La superficie del sitio cubierta por Vetiver, pastos endémicos y árboles a 18 meses (izquierda) y 9 años (derecha) de su siembra.

Figura 54. Antigua mina de carbón, antes (izquierda) y 1 años después (derecha) de la siembra del Vetiver.

6.2.2. Relave minero

Se demostró que el Vetiver prosperó en una prueba de campo de relave de una mina de carbón en Queensland, Australia (Figura 55). El objetivo de esta investigación fue seleccionar las especies más adecuadas para la rehabilitación de la represa de relave de una mina de carbón con una superficie de 23 Ha y una capacidad de 3.5 millones de metros cúbicos. Este sitio se caracterizaba por: altos niveles de salinidad y de sodio; y por niveles extremadamente bajos de nitrógeno y fósforo. Además, también contenía alto nivel del azufre soluble, magnesio, calcio así como cobre, zinc y hierro disponible para las plantas. En el estudio se utilizaron principalmente 5 especies tolerantes a la sal: Vetiver, Saladillo Material (*Sporobolus virginicus*), Carrizo (*Phragmites australis*), Totora gigante (*Typha domingensi*) y Salicornia (*Sarcocornia spp*). Después de 210 días de cultivarse, se registró la cantidad de muerte total para todas las especies con excepción del Vetiver y del Saladillo Material. La sobre vivencia del Vetiver se aumentó significativamente al acolcharse, sin embargo, la aplicación de fertilizante no tuvo ningún efecto. La combinación del acolchado y de la fertilización aumentó el crecimiento del Vetiver por 2 toneladas por ha^{-1} que fue casi 10 veces más que el del Saladillo Material (Radloff et al., 1995). Los resultados confirman los hallazgos de las pruebas que se hicieron en invernaderos.

Figura 55. El Vetiver sobrevivió después de 210 días de cultivo.

Recientemente se ha aplicado la tecnología del pasto Vetiver con tres diferentes propóstos en las minas de carbón en el sur de Kalimantan en Indonesia.

1. Rehabilitación del relave de la mina de oro en las laderas y en el muro de retención. El relave se caracteriza por tener bajo nivel de fertilidad, textura arenosa y una pendiente de 27%. Es demasiado difícil regenerar la vegetación, incluso con tecnología de hidrosiembra. Después de cuatro meses de su siembra, los resultados preliminares mostraron que el Vetiver crecía bien en la ladera de este relave (Figura 56) y que promovía el crecimiento de otras especies vegetales (Figura 57).

Figura 56. Relave de mina de carbón (izquierda) sembrado con Vetiver (derecha). Fuente: www.vetiver.org.

Figura 57. EL Vetiver fungió como especie pionera y poco después promovió el crecimiento de otras especies vegetales. Fuente: www.vetiver.org

2. Mejoras en la calidad del agua de escorrentía. Los setos de Vetiver actúan como bio filtros que disminuyen la velocidad del agua y que retienen los sedimentos haciendo que el agua de escorrentía (agua residual) se libere con mejor calidad al ambiente circundante (Figura 58)

Figura 58. Los sedimentos que el Vetiver retuvo tras tan sólo 4 meses de su siembra. Fuente: www.vetiver.org

3. Estabilización de los laderas de las zanjas que transportan el agua residual (Figura 59).

Figura 59. El vetiver se sembró para la estabilización de las laderas de las zanjas tanto a lo largo como a lo ancho del canal. Fuente: www.vetiver.org

6.3. Minas de Bentonita

Los materiales de deshecho del relave de las minas de bentonita en Miles, Queensland tienen altos niveles de sodio y de sulfato y muy bajos niveles de nutrientes vegetales (Tabla 14). Estos materiales son altamente erosionables debido a que el suelo sódico se caracteriza por su de alto nivel de dispersión cuando está mojado. La regeneración de la vegetación en el relave ha sido muy difícil dado que las especies sembradas se deslavaban con la primera lluvia y lo que quedaba de la planta no lograba sobrevivir en condiciones tan difíciles.

Se realizaron varios intentos en campo en los que se investigó el establecimiento del pasto Vetiver en una de las áreas más perturbadas de esta mina. También se investigó la efectividad que presentan los setos Vetiver para el esparcimiento de flujos concentrados y para la retención de sedimentos en grandes áreas de flujo. Asimismo, se investigó el mecanismo de apoyo que ofrece el Vetiver para el crecimiento de otras plantas. Finalmente se investigó su capacidad de reducir muestras visibles de erosión (Bevan et al., 2000). Una de las principales preocupaciones ambientales asociadas con las minería de bentonita es el efecto que tienen las escorrentías de las áreas perturbadas a las cuencas circundantes, particularmente debido a que el sedimento es el mecanismo principal de transporte para un alto rango de contaminantes que entran en los flujos de agua (Kingett et al., 1995)

Con el abastecimiento adecuado de fertilizante y agua, el Vetiver se estableció de manera exitosa en el relave (Figura 60). El seto de Vetiver fue muy efectivo para retener los sedimentos finos y gruesos, para reducir la erosión y para la conservación de la humedad del suelo. Es importante remarcar que la combinación de estos efectos contribuyeron a la mejora de las condiciones del semillero del suelo, resultando en el establecimiento de especies indígenas.

Tabla 14. Análisis químico de las capas superficiales de la zona explotada y de los deshechos en Miles, Queensland, Australia.

Análisis	Capa superficial de zona explotada	Deshecho de Bentonita
pH	5.4	5.4
CE (mS cm^{-1})	0.18	0.14
Cl (mg kg^{-1})	135	47.4
NO$_3$-N (mg kg^{-1})	1.9	0.7
P (mg kg^{-1})	2	5
SO$_4$-S (mg kg^{-1})	66	101
Ca (meq 100^{-1}g^{-1})	0.19	0.93
Mg (meq 100^{-1}g^{-1})	4.75	6.44
Na (meq 100^{-1}g^{-1})	2.7	7.19
K (meq 100^{-1}g^{-1})	0.16	0.43
Materia orgánica (%)	0.45	0.35
PSI (%)	35	48

Nota: CE conductividad eléctrica, PSI Porcentaje de sodio intercambiable

Figura 60. Tiradero del relave de la mina de bentonita con suelo yermo (izquierda), después de 14 meses de la siembra del Vetiver se puede observar el crecimiento de otras especies (derecha).

6.4. Mina de Bauxita

En la actualidad se está utilizando el Vetiver para estabilizar los muros de una represa muy grande que contiene los residuos de una mina de bauxita en Gove, en el norte de Australia. Se sembraron con Vetiver más de 12 hectáreas de superficie de las laderas de los muros de la represa para ayudar a anclar el suelo superficial y a controlar la erosión que se desarrolló en forma de riachuelos y de cárcavas. Asimismo, se llevaron a cabo varios estudios de campo para investigar la posibilidad de establecer Vetiver en el relave con alto contenido cáustico (arcilla roja, arenas residuales recientes y antiguas) que tienen un nivel de pH de hasta 12. De ser exitoso, el Vetiver se puede utilizar para regenerar la vegetación en dicho relave in situ sin tener la necesidad de cubrir la superficie con una capa superior de suelo. Esto se busca dado que normalmente no es fácil de encontrar este recurso en la cercanía del sitio y que a su vez, a lo largo del tiempo el ascenso capilar llevará altos niveles de sodio y de alcalinidad del relave al suelo, degradando la capa superficial del suelo. Esto afectaría el crecimiento de las plantas dado que tienen baja tolerancia al sodio y a la alcalinidad. Los resultados preliminares indican que el Vetiver puede crecer bien en arcilla roja modificada por la bauxita y en las arenas residuales. (Figura 61 y 62).

Figura 61. El Vetiver a tres semanas de su siembra con aplicación de fertilizantes de nitrógeno y de fósforo.

Figura 62. Buen establecimiento de Vetiver en arenas residuales excepto en algunos parches extremadamente cáusticos.

Debido al éxito obtenido después de tres años de su cultivo, el uso del Vetiver se ha incorporado a la política general de la mina de bauxita a cielo abierto CVG Bauxilium, ubicada en los Pijiguajos en el estado de Bolívar, Venezuela, para mitigar el impacto que han tenido las actividades mineras en el medio ambiente y en la comunidad local (Luque et al., 2006). Las características de los suelos de esta mina son extremadamente bajos en contenidos vegetales nutritivos y en materia orgánica; tienen condiciones físicas variables de acuerdo a las ubicaciones fisiográficas que en general tienen alto nivel de legibilidad; y que tiene niveles de pH entre 4 - 5. El Vetiver puede crecer bien en este tipo de suelos generando éxito en varias aplicaciones. Primeramente, el Vetiver ha controlado de manera efectiva la erosión que ha ocurrido en varias gradientes de la ladera, las cárcavas, drenajes, intervalos de suelo - concreto y en las zanjas que corren a los lados de los caminos que se ubican en suelos altamente erosionables y en climas con altos niveles de precipitación. En segunda estancia, las barreras de Vetiver que se formaron en las zanjas de los caminos han revertido el proceso de erosión al retener sedimentos y formar terrazas. Finalmente, las barreras de Vetiver han fortalecido los muros de contención de las lagunas y han actuado como filtros para el sedimento (Figura 63 - 65). Consecuentemente, el Vetiver ha reducido las cantidades de sedimentos liberados de las operaciones mineras a los flujos de agua circundantes y ha promovido el establecimiento de otras especies de plantas endémicas. Para el control de la erosión se han establecido 26,300 mts de barreras de Vetiver entre Junio del 2003 y el 2006, y posterior a ello se han sembrado otros 7,400 mts de barreras. La gran cantidad de Vetiver cultivado en el sitio de la mina ha permitido que se beneficien económica y ambientalmente las comunidades locales que se han visto afectadas por las actividades mineras.

Figura 63. Varias pendientes (izquierda) estabilizadas por Vetiver (derecha). Fuente: Luque et al., 2006.

Figura 64. Cárcavas (izquierda) estabilizadas por Vetiver (derecha). Fuente: Luque et al., 2006.

Figura 65. El Vetiver sembrado para el reforzamiento de los muros de contención de la laguna (izquierda) y 14 meses después de su siembra (derecha). Fuente: Luque et al., 2006

La población local se ha capacitado para aprovechar las hojas del Vetiver, para la creación de artesanía, dado que las hojas se cosechan de manera constante para darle mantenimiento al cultivo (Figura 66). También se les ha capacitado para la comercialización de sus artesanías. Estas actividades han contribuido a los ingresos de la población local. Las hojas de Vetiver han reemplazado las hojas de la palma de moriche

(*Mauritania flexuosa*), ancestralmente utilizada por los grupos indígenas para la elaboración de artesanía. La palma de moriche juega un papel vital en este ecosistema, sin embargo, la constante explotación de sus hojas ha reducido de manera significativa la población de la planta. En conclusión, durante los últimos tres años, CVG Bauxilum ha adoptado la tecnologiá del Vetiver de manera exitosa para la rehabilitación del paisaje y para la protección del medio ambiente para restaurar este sitio minero de bauxita en Venezuela y llevarlo a un nivel ambientalmente amigable (Luque et al., 2006).

Figura 66. Se capacitó a la población local para hacer artesanías de la hoja del Vetiver. Fuente: Luque et al., 2006.

6.5. Mina de Cobre

La minería del cobre es una de las fuentes de ingresos económicos principales de Chile. Sin embargo, los desechos producidos por la industria minera puedes presentar una enorme fuente de contaminantes para el ambiente (agua, suelo y aire) si no se manejan de manera adecuada. En la actualidad, la mayor parte de los deshechos no se re procesan para reutilizarse dentro del proceso productivo, por lo que el almacenamiento es la única opción viable para su manejo. Los residuos están completamente desprovistos de materia orgánica, tienen muy bajos niveles de nutrientes esenciales para la nutrición vegetal (0.1 mg kg^{-1} nitrógeno total, 0.1-0.2 mg kg^{-1} fósforo total) y muy altos niveles de cobre (2369 - 2420 mg kg^{-1}). Como consecuencia, durante años no ha podido establecerse la cubierta de vegetación nativa en estas superficies, generando que la erosión por viento y por agua esparza los contaminantes al ambiente circundante. Recientemente se ha demostrado que la aplicación del pasto Vetiver para la rehabilitación de varios relaves de mina ha sido efectiva, económica y fácil de implementar. En el 2005, una serie de estudios de campo que utilizaron la tecnología del Vetiver se establecieron en dos minas de cobre en la región central de Chile para estudiar:

1. Si el Vetiver puede crecer en piedras de cobre de deshecho altamente contaminadas y en muros de retención de represas de relave que se encuentran en condiciones climáticas extremas (alta altitudes, inviernos fríos y húmedos, veranos muy calientes y secos) en la mina de Lo Aguirre.

2. Si el Vetiver es efectivo para la estabilización del muro de retención del relave (construido únicamente de material de relave de cobre). También se quiere saber si es efectivo para la protección de las represas nuevas y antiguas. Finalmente se quiere saber si puede atender el problema de erosión por viento y por agua de los deshechos rocosos de la mina El Soldado (Fonseca et al., 2006).

Los siguientes resultados alentadores de estos estudios de campo se presentaron en la Conferencia Latinoamericana de Vetiver en Santiago de Chile (Arochas et al., 2010)

En el sitio minero Lo Aguirre se encontró que después de tres meses de su siembra, aproximadamente 80% del Vetiver sobrevivió y creció bien en deshechos rocosos altamente contaminados y en las represas de relave, sin embargo, algunas de las plantas fueron comidas por conejos y caballos (Figura 67). Después de 5 años de sembrarse, se registró una baja taza de sobre vivencia del Vetiver (15%) debido principalmente a la deshidratación de los herbívoros de la zona (Figura 68). Se observó que muchas plantas mostraban daños irreparables mientras que otras habían desaparecido por completo. Sin embargo, las plantas que sí sobrevivieron no mostraban ningún problema y se desarrollaron bien con una altura de mas de 100 cm. No se observó una diferencia significativa entre el Vetiver que ese sembró con o sin suelo superficial fértil. Los hallazgos proveyeron evidencia importante de que el Vetiver puede sobrevivir fuertes sequías y fríos intensos tras 4 años de su siembra. Las plantas secas que se muestran en la Figura 68 son la versión dormida de Vetiver en el invierno y que volverán a crecer la siguiente primavera. El estudio también confirmó que el Vetiver puede crecer bien en un paisaje elevado con una altitud de 3,500 mts.

Figura 67. Establecimiento de Vetiver en deshechos rocosos de cobre (izquierda) y Vetiver pastoreado por herbívoros (derecha) tras 3 meses de su siembra. Fuente: Arochas et al, 2010.

Figura 68. Crecimiento de Vetiver (izquierda) y pastoreada (derecha) por los herbívoros después de 5 años de su siembra. Fuente: Arochas et al, 2010.

En el sitio minero El Soldado, sobrevivieron todas las plantas en relave arenoso y alcanzaron la altura aproximada de 35 cm después de 2 meses de sembrarse (Figura 69). Las plantas se regaron hasta los siete meses después de su siembra. Sin embargo, 5 años después de su establecimiento sin riego ni fertilización, se observó que sólo sobrevivió 25% de las plantas (Figura 70) con un sistema extensivo de raíces de aproximadamente 85cm de profundidad (Figura 71). Se puede concluir que la mayoría del Vetiver sembrado no se adaptó a las condiciones hostiles del sitio cuando no se les proporcionó riego ni fertilizante por periodos prolongados.

Figura 69. El crecimiento de Vetiver en relave arenoso de cobre tras 2 meses de su siembra. Fuente: Arochas et al, 2010.

Figura 70. Crecimiento de Vetiver después de 5 años de siembra. Fuente: Arochas et al, 2010.

Figura 71. Sistema de raíces del Vetiver 5 años después de su siembra. Fuente: Arochas et al, 2010.

Basado en los resultados anteriores se entiende que para obtener la aclimatación vegetal optima debemos por lo menos:
- Agregar fertilizantes para proveer al suelo de nutrientes
- Irrigar al menos dos veces por semana en el verano durante el primer año.
- Crear una protección contra los herbívoros

6.6. Minas de plomo y de Zinc

La mina Lechang de plomo (Pb) y zinc (Zn) en el norte de la provincia de Guangdong, PR China, emplea una operación minera subteránea que cubre un área de 1.5 km² que produce aproximadamente 30,000 toneladas anuales con un depóstio de deshechos de 60,000 m² (Shu y Xial., 2003). El clima de esta mina es subtropical y la lluvia anual es de 1,500 mm aproximadamente. El relave de plomo y zinc contenía alta concentración de metales pesados (concentraciones totales de Pb, Zn, Cu y Cd a 4164, 4377, 35 and 32 mg respectivamente), y bajos contenidos de elementos que contienen los nutrientes principales (N, P y K) y de materia orgánica. La toxicidad de metales pesados y la deficiencia de los nutrientes principales representan los factores limitantes principales para el establecimiento en el relave minero.

Se realizó un estudio de caso en el que se comparó el crecimiento de cuatro pastos (*Vetiveria zizanioides*, *Paspalum notatum*, *Cynodon dactylon* and *Imperata cylindrica* var. major) en el relave minero de plomo y zinc con algunos ajustes, con el objetivo final de ubicar el pasto más útil y la medida más eficiente para la regeneración vegetal de relave (Shu y Xia, 2003). Los resultados mostraron que la altura de la biomasa del Vetiver fueron significativamente mayores que los de los otros pastos. En otras palabras, el desempeño del crecimiento del Vetiver fue el mejor entre las especies que se probaron sujetos a los mismos ajustes (Figura 72).

Figura 72. El crecimiento superior de Vetiver en un relave de mina de plomo y zinc, comparado con los otros pastos.Fuente: Shu y Xia, 2003.

El deshecho doméstico y el fertilizante NPK pudieron mejorar el crecimiento de la planta y su combinación generó el mejor crecmiento. Después de seis meses, el Vetiver que estaba con tratamiento de deshecho doméstico y de fertilizante NPK tuvo una cobertura de 100% y un rendimiento de 2111 gm^{-2} de peso en seco. El análisis de metal mostró que la concentración de Pb, Zn y de Cu en los brotes y raíces del Vetiver fueron significativamente menores que los de las otras tres especies y que la concentración de los cocientes metálicos Pb, Zn y Cu en los brotes y raíces también fueron más bajos que los de las otras tres especies. Estos resultados indicaron que el Vetiver fue más apropiado para la fito - estabilización de los paisajes mineros tóxicos que *P. notatum* and *C. dactylon*, que acumulaban un alto nivel relativo de metales en sus brotes y raíces.

Se realizó otra prueba de campo en la mina de plomo y zinc de Lechang pero en un lago de relave diferente para determinar los efectos que genera la aplicación de deshecho doméstico y el fertilizante NPK en el crecimiento del Vetiver y para comparar el rendimiento del crecimiento y de acumulación de metales pesados del Vetiver y de dos especies de leguminosas (*Sesbania rostrata* and *S. sesban*) (Shu y Xia, 2003). La biomasa del Vetiver incrementó de manera significativa después de la aplicación de deshecho doméstico y que el Vetiver creció mejor en relave ajustado por deshechos domésticos y fertilizantes NPK (1,111 g m^{-2}). Los resultados indicaron que el deshecho doméstico fue un material útil para mejorar el carácter fisio - químico del relave tóxico. De las tres plantas que se probaron, fue el Vetiver la que tuvo la mayor tolerancia a la toxicidad metálica (figura 73) y acumuló las menores concentraciones de metales pesados en los brotes que las otras dos especies. Se considera que esta especie es más adecuada para estabilizar el relave minero, y que el peligro de transferirle los metales tóxico a los animales ganaderos fue mínimo (Yang et al., 2003).

Figura 73. El crecimiento del Vetiver y de dos leguminosas en relave de plomo y zinc.

El pasto Vetiver se ha aplicado de manera existosa en la rehabilitación del paisaje contaminado alrededor de la fábrica fundidora de plomo y zinc Shaoguan en el norte de la provincia de Guangdong, como a 50 km de la mina de plomo y zinc Lechang (Shu y Xia, 2003). El polvo y el gas emitido por el proceso de fundición - refinería contenía altas concetraciones de SO_2 y de metales pesados como lo son Pb, Zn, Cd y Cu que han tenido efectos adversos en los ecosistema circundantes. Los suelos alrededor de la fábrica estaban altamente acidificados con un pH de 3 - 4.9; contenían un alto nivel de concentracion de PB y Zn (total de Pb and Zn: más de 1200 mg kg^{-1}, y el DTPA- extraible Pb and Zn: más de 100 mg kg^{-1}). Esto ha causado que haya una ausencia absoluta de vegetación en el paisaje circundante y que posteriormente se presentara la erosión por agua. Se realizaron varios intentos, tanto por parte de la fábrica, como por parte de instituciones académicas, para regenerar la vegetación del área contaminada introduciendo más de 40 especies vegetales que incluyeron árboles, arbustos y pastos. Desafortunadamente, la mayor parte de ellos fracasaron debido a las condiciones hostiles del suelo y del aire. Sólo fueron algunas (entre ellas *Paulownia tomentosa*, *Leucaena glauca*, *Nerium indicum*, *Paederia scandens*, *Cynodon dactylon*) las que mostraron una relativa tolerancia elevada a las condiciones del suelo y atmosféricas. Para mejorar las tazas de crecimiento de estas plantas, se mezclaron 50 cm de suelo superficial con sedimentos de un lago y fertilizante NPK para diluir las elevadas concentraciones de metales pesados y para mejorar las condiciones del suelo. Después de dos años de la siembra de una variedad de especies vegetales, se vio que el proyecto de recuperación fue bastante exitoso. Sin embargo la taza de crecimiento aún era baja en las zonas de erosión severa, con un cobertura del dosel de 30 - 50% por lo que fracasó para el control de la erosión. Después de 5 años de su siembra, el Vetiver se estableció bien en suelos contaminados con un total de cobertura de dosel de alrededor de 80%. Los resultados de la segunda inspección mencionada indicaron que la erosión en el área en la que se sembró Vetiver se encontraba bajo control (Shu y Xia, 2003)

Chaiwat Phadermrod (2015) resportó una rehabilitación altamente exitosa a gran escala de una mina, llevada a cabo por Padaeng Industry Public Company Limited (PDI) en el distrito de Mae Sot y en su refinería que se encuentra en la provincia de Tak. La mina ha cultivado Vetiver durante los últimos 12 años para la rehabilitación y lo ha hecho de manera simultánea a la operación de la mina. Se sembraron un total de 19.17 millones de plantas de Vetiver. La mina de PDI es, por lo tanto, una de las minas más grandes de Tailandia en las que el Vetiver se ha cultivado para la protección del medio ambiente. La Mina PDI está cultivando entre 1 y 2 millones de plantas de Vetiver cada año y a su vez están sembrando árboles. (Figura 74 - 75).

En primera instancia, el suelo expuesto se está sembrando con Vetiver para la rehabilitación del suelo, previniendo así la erosión, reduciendo la velocidad de la escorrentía y protegiendo el nivel de humedad en el suelo. Posteriormente se sembraron algunas especies locales de árboles como: teca, maderas duras locales, siamés. árbol local de corcho y árbol de orquídea, entre otros. Entre 1993 y 2014 se rehabilitó un área de 166 Ha (62% por arrendamiento) con un costo de 63 millones de Bhat tailandeses. La compañía minera regresará toda el área sembrada de bosque al Departamento Forestal

Real. La compañía espera que, para su propio bienestar, todos los accionistas, incluyendo a las comunidades circundantes, protejan la plantación forestal post minera.

Figura 74. Mina de Padaeng

Figura 75. Mina Padaeng en el año 2003 y 2013.

6.7. Mina de mineral de Hierro

La sobrecapa de deshechos mineros nuevos y antiguos de la mina Joda de Tata Steel en Bengal, India, son muy inestables y altamente erosionables debido a la empinadas pendientes (Figura 76). Para poder sembrar el Vetiver, y debido a las condiciones extremadamente adversas, se requirió hacer un movimiento de suelo para reducir la pendiente para que quedara en un rango de entre 30°- 40° y se utilizaron materiales de alta calidad para la regeneración de la vegetación del área contaminada. El pasto se sembró en intervalos verticales entre 1 y 1.5 mts dependiendo de la gradiente de la pendiente y una vez sembradas se regaron diariamente. Se logró un excelente establecimiento y crecimiento, incluso en la pendiente de 40°, con una longitud de raíces de hasta 60 cm en plantas de 20 días. Una vez estabilizadas, el micro clima creado por los setos de Vetiver promovieron el regreso de la flora endémica, e incluso permitieron que se sembraran otros cultivos en los espacios entre los setos. Esto es relevante en la India que es un país con escasez de tierra (Figura 77) (K Pathak, pers.com).

Figura 76. El vertedero antiguo es altamente erosionable y empinado (arriba e imagen izquierda inferior) y se reconfigura para que tenga una pendiente de 40 (inferior derecha)

Figura 77. El Vetiver se sembró en intervalos de 1 - 1.5 mts (arriba), 6 meses después de su siembra con algunos cultivos de hortaliza intercalados (abajo)

6.8. Paisaje contaminado de amoníaco y nitrato.

El sitio en Bajool, Australia, se contaminó con niveles extremadamente elevados de amoníaco y de nitrato como resultado de la manufactura de explosivos (Tabla 15). Se aplicó la tecnología de Vetiver en este sitio como medida de fito - remediación para eliminar el amoníaco y el nitrato y para estabilizar al sitio, con ello previniendo que se contamine el área circundante por escorrentías con el potencial de contaminar al ambiente local.

A pesar de que hubo sequía seguida por muy fuertes lluvias, fueron sobresalientes los resultados observados en el Vetiver a un año de su siembra, mostrando excelente crecimiento (Figura 78). Con esta alta taza de crecimiento, esta plantación eliminó al menos 629 kg ha^{-1} año^{1}, y posiblemente mucho más elevada en 1100 kg ha^{-1} año dependiendo de la lluvia. Por lo tanto se prevé que el Vetiver eliminará la mayor parte del nitrato en el sitio en menos de 4 años si las condiciones climatológicas son favorables, y cuando mucho en 6 años si se cuentan con condiciones climatológicas normales.

Tabla 15. Las características de Bajool, sitio contaminado en Australia.

Rasgos del sitio	Unidades	
Superficie	m^2	7300
Profundidad de suelo	M	2.5 – 3
Volumen de suelo contaminado	m^3	20000
Nivel de amoníaco en el suelo	$mg\ kg^{-1}$	Rango: 20 – 1220 Promedio: 620
Nivel de nitrógeno total en el suelo	$mg\ kg^{-1}$	Rango: 31 – 5380 Promedio: 2700
Nivel de amoníaco en el agua	$mg\ kg^{-1}$	Rango: 235 – 1150 Valor superior excepcional: 12500
Nivel de nitrógeno total en el agua	$mg\ kg^{-1}$	Rango: 118 – 7590 Valor superior excepcional: 18300

Figura 78. Veteiver sembrado en sitio contaminado (arriba), 3 meses (abajo derecha) y 12 meses (abajo izquierda) después de su siembra. .

Peak Downs en Australia también se contaminó de amoníaco, nitrato y agro - químicos que se utilizaron para controlar la maleza alrededor de la mina. El nivel de contaminación en Peak Downs varía ampliamente, de niveles muy bajos a niveles muy elevados (amoníaco en el suelo: 20 – 3800 mg kg^{-1}, nitrato total en el suelo: 10 – 7620 mg kg^{-1}) dependiendo de la ubicación en el sitio. Se registró un crecimiento excelente de Vetiver, como se preveía, recibiendo buena irrigación y con alto nivel de nitrógeno. Para satisfacer la demanda de fósforo, en ésta condición con elevado nivel de nitrógeno, se aplicó un fertilizante superfosfato al momento de la siembra.

Los resultados muestran que el Vetiver se puede establecer en suelos altamente contaminados por amoníaco y nitrato. Con el manejo y mantenimiento adecuado, el Vetiver puede ser efectivo para eliminar la contaminación de estos sitios.

6.9. Paisaje contaminado por hidrocarburo.

El tiradero de esquisto bituminoso con un área de 667 ha y profundidad variante hasta de 10 mts está ubicado en el suburbio norte de la ciudad de Maoming, en la provincia de Guangdong, China. El tiradero de esquisto bituminoso se componía principalmente de desechos refinados con niveles relativamente elevados de materia orgánica (hasta 3.61%) mezclado con suelos no fértiles provenientes de la excavación de esquisto bituminoso. Eran escasos los contenidos de los nutrientes N, P y K, en particular de sus contenidos disponibles. El pH del suelo (4) y de los lixiviados (3.2) era bastante bajo. Las concentraciones de metales pesados en el suelo iban desde 0.1 mg kg^{-1} de Cd hasta 59.5 mg kg^{-1} de Mn. La combinación de estos rasgos físicos y químicos generaron un ambiente hostil para otros organismos, por lo que fue bastante difícil regenerar la vegetación en él (Xia, 2004)

Se llevó a cabo una prueba de campo experimental para investigar el crecimiento de diferentes especies (Vetiver, Bahia, Stenotaphrum secundatum, Bana) en este tiradero de esquisto bituminoso, mejorado con fertilizante inorgánico y con el fango de un lago de peces. Los resultados indicaron que el Vetiver tuvo la taza de sobrevivencia más elevada de hasta 99 %, Bahia 96 %, Stenotaphrum secundatum 91 % y Bana de 62%. La cobertura y biomasa del Vetiver también fue la más elevada a seis meses de su siembra. La aplicación de fertilizante aumentó de manera significativa la biomasa y la cantidad de vástago en los cuatro pastos. Entre ellos, el Stenotaphrum secundatum se promovió más, con hasta 70 % de biomasa, mientras que el Vetiver se promovió en menor medida con sólo el 27 % de biomasa. Se puede concluir que el Vetiver se puede cultivar de manera sustentable en este relave infestado de hidrocarburo con una cantidad mínima de fertilizante e incluso sin él (Xia, 2004).

6.10. Tierras contaminadas por agroquímicos.

Castorina (2015) llevó a cabo un experimento en invernadero para comparar la eficiencia del Vetiver y de la Canola (*Brassica napus* L.) para la fito - remediación del paisaje en el Valle del Sacco, cerca de Roma, Italia. El suelo natural de dicho paisaje había sido alterado por agro químicos y por el manejo inadecuado de deshechos industriales, causando una serie de enfermedades en las personas y en los animales (Figura 79).

Para evaluar la absorción de los elementos por parte de las plantas, se realizó un análisis de contexto total del suelo. Después se realizó un análisis de la fracción extraíble en EDTA (ácido etilendiaminotetraacético). Los datos analíticos obtenidos se utilizaron para determinar el Factor de Translocación (FT) y el Factor de Bio concentración (FB) de cada elemento tóxico en cada una de las plantas bajo dos sistemas con condiciones agrícolas diferentes: macetas fertilizadas y macetas no fertilizadas.

Figura 79: Sitio contaminado y planta de Canola (*Brassica napus* L.)

Los resultados analíticos del suelo muestran que los niveles de As, Be, Cd, Co, Cr, Cu, Pb, V y Zn estaban en un nivel significativamente por debajo de los niveles aceptables para sitios comerciales e industriales. También están por debajo de los niveles aceptables de zonas verdes públicas, privadas y residenciales, con excepción del plomo que está en el rango límite.

En muchos casos fueron mucho más significativas las fracciones extraíbles de EDTA en el suelo con más de 10% para Mo, Cu y Cd; y 20% para Pb, Co, y Mn. Después de tan sólo 5 meses de aumento de varios elementos (entre ellos Al, Cd, Cu, Fe, Pb y Zn), se notó una disminución significativa en la fracción extraíble de EDTA. En algunos casos, como en el Ti y V, se notó un aumento en la fracción extraible de EDTA en el suelo después de que se extrajeran las plantas, lo cual fue cierto tanto para canola como para el Vetiver. Aunado a ello, para ambas plantas disminuyó la Conductividad Eléctrica (CE) después de la cosecha, en el caso del Vetiver, por 50%. La fertilización fosfatada aumentó el FT tanto en la canola como en el Vetiver.

Para muchos elementos, el Vetiver mostró niveles más altos de FB que los de la canola, pero el FT era generalmente más bajo comparado con la canola. Mientras que el FB calculado en relación al contenido total elemental no es significativo por sus niveles tan bajos, aquellos que se calcularon con relación a las fracciones extraíbles de EDTA son significativos, en especial para elementos como Cr, Ti y Zn.

REFERENCIAS Y BIBLIOGRAFÍA

Adams R.P., Dafforn M.R. (1997). DNA fingertyping (RAPDS) of the pantropical grass vetiver (Vetiveria zizanioides L.) reveals a single clone "sunshine" is widely utilised for erosion control. The Vetiver Network Newsletter, no.18. Leesburg, Virginia USA.

Aldana E., Saffon I., Arcila, J., Ortiz M., Herrera O. (2013). Remoción de Aluminio en aguas residuales industrials usando especies macrófitas: Una aplicación para el pasto Vetiver. The second Latin America International Conference on the Vetiver System, October 3-5 2013, Medillin, Colombia (in Spanish).

Angin I., Turan M., Quirine M., Cakici, A. (2008). Humic acid addition enhances B and Pb phytoextraction by Vetiver grass (*Vetiveria zizanioides* (L.). Nash). Water Air Soil Pollut. , 188, 335-343

ANZ (1992). Australian and New Zealand Guidelines for the Assessment and Management of Contaminated Sites. Australian and New Zealand Environment and Conservation Council, and National Health and Medical Research Council, January 1992 .

Arochas A., Volker K., Fonceca R. (2010). Application of of Vetiver grass for mine sites rehabilitation in Chile. Latin American Vetiver Conference, Santiago, Chile, Oct. 2010.

Ash R., Truong P. (2003). The use of Vetiver grass wetlands or sewerage treatment in Australia. The Third International Conference on Vetiver, Guangzhou, China, 6-9 October 2003.

Asokan P., Saxena M., Asolekar S.R. (2005). Coal combustion residues: environmental implications and recycling potentials. Resources, Conservation and Recycling, 43, 239-262

Barapanda P., Singh S.K., Pal B.K. (2001). Utilization of coal mining wastes: in Mining and Allied Industries, Regional Engg College, Rourkela, Orissa, India.

Berg J.V.D (2006). Vetiver grass (*Vetiveria zizanioides* (L.) Nash) as trap plant for *Chilo partellus* (Swinhoe) (Lepidoptera: Pyralidae) and *Busseola fusca* (Fuller) (Lepidoptera: Noctuidae), Annales de la Société entomologique de France (N.S.). International Journal of Entomology, 42, 449-454.

Bertea C.M., Camusso W. (2002). Anatomy, biochemistry and physilogy. In: Vetiveria. The Genus Vetiveria, pp 19-43 (Maffei M. ed) Taylor and Francis Publ., London and New York.

Bevan O., Truong P., Wilson M. (2000). The use of Vetiver grass for erosion and sediment control at the Australian bentonite mine in Miles, Queensland. The Fourth Innovative Conference, Australian Minerals and Energy Environment Foundation: On the threshold: Research into Practice, Brisbane, Australia, August 2000, 124- 128.

Brandt R., Merkl N., Schultze-Kraft R., Infante C., Broll G. (2006). Potential of Vetiver (*Vetiveria zizanioides* (L.) Nash) for phytoremediation of petroleum hydrocarbon-contaminated soils in Venezuela. International Journal of Phytoremediation, 8, 273-284.

Burton G.W., Hanna W.W. (1985). Bermuda grass. In: Heath ME, Garnes RF, Metcalfe DS (eds.), Forages. Iowa State Univ. Press, Ames, Iowa.

Castorina, B. (2015). Efficiency of vetiver for the phytoremediation of contaminated land in the "Valle del Sacco" (Rome). The sixth International Conference on Vetiver, Vietnam, Danang, May 3-5, 2015.

Chaiwat P. (2015), Vetiver for rehabilitation of padaeng zinc mine, Mae Sot district, Tak Province, Thailand. The sixth International Conference on Vetiver, Vietnam, Danang, May 3-5, 2015.

Cheng H., Yang X., Liu A., Fu H., Wan M. (2003). A study on the performance and mechanism of soil-reinforcement by herb root system. The Third International Conference on Vetiver, Guangzhou, China, 6-9 October 2003.

Chomchalow, N. (2006). Review and update of the Vetiver System R&D in Thailand. Regional Vetiver Conference, Cantho, Vietnam.

Cull R.H., Hunter H., Hunter M., Truong, P. (2000). Application of Vetiver grass technology in off-site pollution control. II. Tolerance of Vetiver grass towards high levels of herbicides under wetland conditions. The Second International Conference on Vetiver, Thailand, Phetchaburi, 18-22 January 2000.

Cuong D.C., Minh V.V., Truong P. (2015). Effects of sea water salinity on the growth of Vetiver grass (*Chrysopogon zizanioides* L.). The sixth International Conference on Vetiver, Vietnam, Danang, May 3-5, 2015.

Danh L.T., Truong P., Mammucari R., Foster N. (2012). Phytoredemdiation of soils contaminated with salinity, heavy metals, metalloids, and radioactive materials. In 'Phytotechnologies: Remediation of Environmental Contaminants', edited by Naser A. Anjum, published by CRC Press/Taylor and Francis Group, Boca Raton, Florida, USA, pp 255-282.

Danh L.T., Truong P., Mammucari R., Tran T., Foster N. (2009). Vetiver grass, *Vetiveria zizanioides*: A choice plant for phytoremediation of heavy metals and organic wastes. International Journal of Phytoremediation 11, 664- 691.

Danh L.T., Phong L.T., Dung L.V., Truong P. (2006). Wastewater treatment at a seafood processing factory in the Mekong delta, Vietnam. The Fourth International Conference on Vetiver, Caracas, Venezuela, October 2006.

Darajeh N., Idris A., Truong P., Aziz A.A., Bakar R.A., Man H.C. (2014). Phytoremediation potential of Vetiver System Technology for improving the quality of palm oil mill effluent. Advances in Materials Science and Engineering, Volume 2014, Article ID 683579, 10 pages.

Das P., Datta R., Makris K.C., Sarkar D. (2010). Vetiver grass is capable of removing TNT from soil in the presence of urea. Environmental Pollution, 158, 1980–1983.

Das M., Adholeya A. (2009). A short comparison study on growth of *Vetiver zizanioides* with different AM species on fly ash. Mycorrhiza News, 21, 19-24.

Datta R., Das P., Smith S., Punamiy P., Ramanathan D.M., Reddy R, Sarkar D. (2013). Phytoremediation potential of Vetiver grass [*Chrysopogon zizanioides* (L.)] for tetracycline. International Journal of Phytoremediation, 15, 343–351.

Fonseca R., Diaz C., Castillo M., Candia J., Truong P. (2006). Preliminary results of pilot studies on the use of Vetiver grass for mine rehabilitation in Chile. The Fourth International Conference on Vetiver, Caracas, Venezuela, October 2006.

Ghosh M, Paul J., Jana A., De A., Mukherjee A. (2015). Use of the grass, *Vetiveria zizanioides* (L.) Nash for detoxification and phytoremediation of soils contaminated with fly ash from thermal power plants. Ecological Engineering, 74, 258–265.

Greenfield J.C. (2002). Vetiver Grass: An essential grass for conservation of planet earth. Infinity Publishing Co, Haverford, PA, USA.

Hart B., Cody R., Truong P. (2003). Efficacy of Vetiver grass in the hydroponic treatment of post septic tank effluent. The Third International Conference on Vetiver, Guangzhou, China, 6-9 October 2003.

Hatch M.D. (1987). C4 photosynthesis: a unique blend of modified biochemistry, anatomy and ultrastructure. Biochimica et Biophysica Acta. 895, 81-106.

Hengchaovanich D. (1998). Vetiver grass for slope stabilization and erosion control, with particular reference to engineering applications. Pacific Rim Vetiver Network Technical Bulletin 2.

Hengchaovanich D., Nilaweera N.S. (1998). An assessment of strength properties of Vetiver grass roots in relation to slope stabilization. The First International Conference on Vetiver, Chiang Rai, Thailand, 4-8 February 1998.

Hengchaovanich D. (1999). Fifteen years of bioengineering in the wet tropics from A (*Acacia auriculiformis*) to V (*Vetiveria zizanioides*). The First Asia-Pacific Conference on Ground and Water Bio-engineering, Manila, Philippines, April 1999.

Hung L.V., Cam B.D., Nhan D.D., Van T.T. (2012). The uptake of uranium from soil by vetiver grass (*Vetiver zizanioides* (l.) Nash) Vietnam Journal of Chemistry, 50, 656-662.

Jala S., Goyal D. (2006). Fly ash as a soil améliorant for improving crop production: a review Bioresource Technology, 97, 1136-1147.

Jalalipour H., Haghighi A.B., Truong P. (2015). Vetiver phytoremediation technology for rehabilitating Shiraz municipal landfill, Iran. The 6th International Conference onVetiver, Vietnam, Danang, 3-5 May, 2015.

Inman-Bamber N.G. (1974). CANEGRO, its history, conceptual basis, present and future uses. Workshop on Research and Modeling Approaches to Examine Sugarcane Production Opportunities and Constraints, St Lucia, Queensland.

Kingett Mitchell and Associates (1995). An assessment of urban and industrial stormwater inflow to the Manukau Harbour, Auckland. Regional Waterboard Techn. Publ. No. 74.

Lavania S. (2003). Vetiver Root System: Search for the Ideotype. The Third International Conference on Vetiver, Guangzhou, China, 6-9 October 2003.

Le Viet Dung (2015). Report on the Research, Development and Promotion of the Vetiver System at Cantho University, Vietnam from 2002 to 2012. Cantho University Publication (In Vietnamese).

Leaungvutiviroj C, Piriyaprin S, Limtong P, Sasakic K. (2010). Relationships between soil microorganisms and nutrient contents of *Vetiveria zizanioides* (L.) Nash and *Vetiveria nemoralis* (A.) Camus in some problem soils from Thailand. Applied Soil Ecology 46: 95-102.

Lee O. (2013). The Vetiver latrine. The Second Latin American Vetiver Conference, Medellin, Colombia, 3-5 October 2013.

Li H., Luo Y.M., Song J., Wu L.H., Christie P. (2006). Degradation of benzo[a]pyrene in an experimentally contaminated paddy soil by Vetiver grass (*Vetiveria zizanioides*). Environmental Geochemistry and Health, 28, 183–188.

Liao X., Shiming, L., Yinbao, W., Zhisan, W. (2003). Studies on the abilities of *Vetiveria zizanioides* and *Cyperus alternifolius* for pig farm wastewater treatment. The Third International Conference on Vetiver, Guangzhou, China, 6-9 October 2003.

Lomonte C., Wang Y., Doronila A., Gregory D., Baker A.J.M., Siegele R., Kolev S.D. (2014). Study of the spatial distribution of mercury in roots of Vetiver grass (*Chrysopogon zizanioides*) by micro-pixe spectrometry. International Journal of Phytoremediation,16, 1170-1182.

Luque R., Lisena M., Luque O. (2006) Vetiver System For Environmental Protection of Open Cut Bauxite Mining At "Los Pijiguaos" –Venezuela. The Fourth International Conference on Vetiver, Caracas, Venezuela, October 2006.

Makris K.C., Shakya K.M., Datta R., Sarkar D., Pachanoor D. (2007a). High uptake of 2,4,6-trinitrotoluene by Vetiver grass - Potential for phytoremediation ? Environmental Pollution, 146, 1-4.

Makris K.C., Shakya K.M., Datta R., Sarkar D., Pachanoor D. (2007b). Chemically catalyzed uptake of 2,4,6-trinitrotoluene by *Vetiveria zizanioides*. Environmental Pollution, 148, 101-106.

Marcacci S., Schwitzguébel J.P., Raveton M., Ravanel P. (2006). Conjugation of atrazine in vetiver (*Chrydopogon zizanioides* Nash) grown in hydroponics. Environmental and Experimental Botany. 56: 205 - 215.

Materechera S. (2010). Soil physical and biological properties as influenced by growth of Vetiver grass (*Vetiveria zizanioides* L.) in a semi-arid environment of South Africa. 19th World Congress of Soil Science, Soil Solutions for a Changing World 1 – 6 August 2010, Brisbane, Australia.

Mickovski S.B., van Beek L.P.H., Salin F. (2005). Uprooting of Vetiver uprooting resistance of Vetiver grass (*Vetiveria zizanioides*). Plant and Soil, 278, 33–41.

Monteiro J.M., Vollú R.E., Coelho M.R.R., Alviano C.S., Blank A.F., Seldin L. (2009). Comparison of the bacterial community and characterization of plant growth-promoting rhizobacteria from different genotypes of *Chrysopogon zizanioides* (L.) Roberty (Vetiver) rhizospheres. The Journal of Microbiology 47: 363-370.

Muchow R.C., Sinclair T.R., Bennett J.M. (1990). Temperature and solar radiation effects on potential maize yield across locations. Agronomy Journal, 82, 338-343.

National Resource Council, 1995. Vetiver Grass: a thin green line against erosion. National Academy Press, Washington, DC.

Huong N.T.T., Van, T.T., Truong, P. (2015). Effectiveness of Vetiver grass in phytostabilization and/or phytoremediation of dioxin-contaminated soil at Bien Hoa airbase, Vietnam. The 6th International Conference on Vetiver, Vietnam, Danang, 3-5 May, 2015.

Nix K.E., Henderson G., Zhu B.C.R., Laine R.A. (2006). Evaluation of Vetiver grass root growth, oil distribution, and repellency against Formosan subterranean termites. Hort. Science, 41, 167-171.

Noffke R. (2013). Mine and associated rehabilitation projects in Africa and Indian ocean islands. The Second Latin American Vetiver Conference, Medellin, Colombia, 3-5 October 2013.

Northcote K.H., Skene J.K.M. (1972). Australian Soils with Saline and Sodic Properties. CSIRO Div. Soil. Pub. 27.

Oku E., Asubonteng K., Nnamani C., Michael I., Truong P. (2015). Using native African species to solve African wastewater challenges: An in-depth study of two Vetiver grass species. The Sixth International Conference on Vetiver, Vietnam, Danang, 3-5 May, 2015.

Percy I., Truong P. (2005). Landfill leachate disposal with irrigated Vetiver grass. National Conference on Landfill, Brisbane, Australia, Sept 2005

Percy I., Truong, P. (2003). Landfill leachate disposal with irrigated Vetiver grass. The Third International Conference on Vetiver, Guangzhou, China, 6-9 October 2003.

Phenrat T., Teeratitayangkul P., Imthiang T., Sawasdee Y., Wichai S., Piangpia T., Naowaopas J., Supanpaiboon W. (2015). Laboratory-scaled developments and field-scaled implementations of using Vetiver grass to remediate water and soil contaminated with phenol and other hazardous substances from illegal dumping at Nong Nea subdistrict, Phanom Sarakham district, Chachoengsao province, Thailand. The Sixth International Conference on Vetiver, Vietnam, Danang, 3-5 May, 2015.

Rai A.K., Paul B., Singh G. (2011). A study on physico chemical properties of overburden dump materials from selected coal mining areas of Jharia coalfields, Jharkhand, India. International Journal of Environmental Sciences, 1, 1351-1360.

Radloff B., Walsh K., Melzer A. (1995). Direct Revegetation of Coal Tailings at BHP. Saraji Mine. Australian Mining Council Environmental Workshop, Darwin, Australia.

Roongtanakiat N., Osotsapar Y., Yindiram C. (2008). Effects of soil amendment on growth and heavy metals content in Vetiver grown on iron ore tailings. Kasetsart J. (Nat. Sci.), 42, 397-406.

Ruiz C., Rodríguez O., Luque O., Alarcón M. (2013). Effecto del vetiver (Chrysopogon zizanioides L.) en la reducción del flúor y otros compuestos contaminantes en aguas de consumo humano. Caso: Caserío Guarataro, estado Yaracuy, Venezuela. The second Latin America International Conference on the Vetiver System, October 3-5 2013, Medillin, Colombia.

Shu W, Xia H. (2003). Integrated Vetiver Technique for Remediation of Heavy Metal Contamination: Potential and Practice. The Third International Conference on Vetiver, Guangzhou, China, 6-9 October 2003.

Shu W.S., Zhao Y.L., Yang B., Xia H.P., Lan C.Y. (2004). Accumulation of heavy metals in four grasses grown on lead and zinc mine tailings. Journal of Environmental Science, 16, 730-434.

Singh S., Melo J.S., Eapen S., D'Souza S.F. (2008). Potential of Vetiver (Vetiveria zizanoides L. Nash) for phytoremediation of phenol. Ecotoxicology and Environmental Safety 71 (2008) 671–676.

Siripin S., Thirathorn A., Pintarak A., Aibcharoen P. (2000). Effect of associative nitrogen fixing bacterial inoculation on growth of Vetiver grass. The Second International Conference on Vetiver, Phetchaburi, Thailand, 18-22 January 2000.

Smeal C., Hackett M., Truong P. (2003). Vetiver System for industrial wastewater treatment in Queensland, Australia. The Third International Conference on Vetiver, Guangzhou, China, 6-9 October 2003.

Thao Minh Tran, Lacoursière, J.O., Vought, L.B.M., Phuong Thanh Doan and Man Van Tran. (2015). Capacity of vetiver grass in treatment of a mixture of laboratory and domestic wastewaters. The Sixth International Conference on Vetiver, Vietnam, Danang, 3-5 May, 2015.

Triana R., Burgos J., Zúñiga J. (2013). Piloto de tratamiento no convencional para aguas asociadas a la producción de hidrocarburos empleando humedal artificial con pasto vetiver. The Second Latin American Vetiver Conference, Medellin, Colombia, 3-5 October.

Truong P., Creighton C. (1994). Report on the potential weed problem of Vetiver grass and its effectiveness in soil erosion control in Fiji. Division of Land Management, Queensland Department of Primary Industry, Brisbane, Australia.

Truong P., Baker D. (1997). The role of Vetiver grass in the rehabilitation of toxic and contaminated lands in Australia. International Vetiver Workshop, Fuzhou, China, 21-26 Octocber.

Truong P. (1999). Vetiver Grass Technology for mine rehabilitation. In: Ground and water bioengineering for erosion control and slope stabilisation, pp 379-389 (Barker, D. H. et al. ed) Sciences Publishers, New Hampshire USA.

Truong P.N., Hart, B. (2001). Vetiver system for wastewater treatment. Technical Bulletin No. 2001/2. Pacific Rim Vetiver Network. Office of the Royal Development Projects Board, Bangkok, Thailand.

Truong P. (2002). Vetiver Grass Technology. In: Vetiveria. The genus Vetiveria, pp 114-132 (Maffei M. ed) Taylor and Francis Publ., London and New York.

Truong P. (2003). Vetiver System for water quality improvement. The Third International Conference on Vetiver, Guangzhou, China, 6-9 October.

Truong P., Smeal C. (2003). Research, Development and Implementation of Vetiver System for Wastewater Treatment: GELITA Australia. Technical Bulletin No. 2003/3. Pacific Rim Vetiver Network. Office of the Royal Development Projects Board, Bangkok, Thailand

Truong P., Truong S., Smeal, C (2003). Application of the Vetiver System in Computer Modelling for Industrial Wastewater Disposal. The Third International Conference on Vetiver, Guangzhou, China, 6-9 October 2003

Truong P., Van T.T., Pinners E. (2008). Vetiver System Applications: A Technical Reference Manual. The Vetiver Network International.

Truong P., Booth D. (2010). Final Report on the Application of Vetiver System in the Citarum River Basin, Indonesia. The Indonesian Vetiver Network.

Truong P.N., Granley B.A., Calderon M. (2012). Leachate treatment with phytoremediation: Case Studies. Global Waste Management Symposium. Phoenix, Arizona, USA, September 2012.

Truong P., Truong N. (2013). Computer model for treatment of small volume waste water. Proc. Second Latin America International System Conference on Vetiver, Medellin, Colombia, 3-5 October.

Ugalde Smolcz, S. and Goykoviv Cortés, V. (2015). Remediation of boron contaminated water and soil with Vetiver phytoremediation technology in northern Chile. The sixth International Conference on Vetiver, Vietnam, Danang, May 3-5, 2015.

Van T.T., Truong P. (2008). R&D results on unique contributors of Vetiver applicable for its use in disaster mitigation purposes in Vietnam. The First Indian National Vetiver Workshop, Cochin, India, 21-23 February 2008.

Vieritz A., Truong P., Gardner T., Smeal, C (2003). Modelling Monto Vetiver growth and nutrient uptake for effluent irrigation schemes. The Third International Conference on Vetiver, Guangzhou, China, 6-9 October 2003.

Vose J.M., Harvey G.J., Elliott K.J., Clinton B.D. (2004). Measuring and Modeling Tree and Stand Level Transpiration. In Phytoremediation: Transformation and Control of Contaminant. John Wiley & Sons, Inc.

Wagner S., Truong P., Vieritz A. (2003). Response of Vetiver grass to extreme nitrogen and phosphorus supply. The Third International Conference on Vetiver, Guangzhou, China, 6-9 October 2003.

Wang Y.W. (2000). The root extension rate of Vetiver under different temperature treatments. The Second International Conference on Vetiver, Phetchaburi, Thailand, 18-22 January 2000.

Winter S. (1999). Plants reduce atrazine levels in wetlands. Final year report. School of Land and Food, University of Queensland, Brisbane, Queensland, Australia.

Xia H. P, Ao H. X, Lui S, H. and He D. Q. (1997). A premilitery study on vetiver's purification for garbage leachate. International Vetiver Grass Workshop. Fuzhou. China. http:// www.vetiver.org

Xia H.P. (2004). Ecological rehabilitation and phytoremediation with four grasses in oil shale mined land. Chemosphere, 54, 345–353.

Xia H.P, Lu X., Ao H., Liu S. (2003). A preliminary Report on Tolerance of Vetiver to Submergence. The Third International Conference on Vetiver, Guangzhou, China, 6-9 October 2003.

Xia H.P., Ao H.X., Lui S.Z., He D.Q. (1999). Application of the Vetiver grass bioengineering technology for the prevention of highway slippage in Southern China. Proceeding of Ground and Water Bioengineering for Erosion Control and Slope Stabilisation, Manila, April 1999.

Yang B., Shu W.S., Ye Z.H., Lan C.Y., Wong M.H. (2003). Growth and metal accumulation in Vetiver and two Sesbania species on lead/zinc mine tailings. Chemosphere, 52, 1593–1600.

Zhang X., Gao B., Xia H. (2014). Effect of cadmium on growth, photosynthesis, mineral nutrition and metal accumulation of bana grass and vetiver grass. Ecotoxicology and Environmental Safety, 106, 102–108.

Zheng C.R., Tu C., Chen H.M. (1997). Preliminary study on purification of eutrophic water with Vetiver. International Vetiver Workshop, Fuzhou, China.

www.ingramcontent.com/pod-product-compliance
Lightning Source LLC
Chambersburg PA
CBHW040741200526
45159CB00023B/1102